Automata

木质机械玩具制作指南

向木而生 · 著

向木而生 郭巍 · 绘

化学工业出版社

· 北 京 ·

内容简介

Automata是一种起源于欧洲拥有两千多年历史的机械玩具，它融合了机械设计、材料加工、美学构建、想象表达等，创作者可以将自己想要表达的内容和情感，通过机械构造和木偶动作来展示。本书将系统讲解制作Automata所涉及的四大知识板块：机械设计、工具耗材、木偶的制作、零件制作。虽然内容繁多，但是本书作者根据自学经验总结出来更容易理解、更具有实际操作价值的知识点，巨细靡遗、毫不藏私分享给同样对Automata感兴趣的手工爱好者们，让大家少走弯路，一看就懂，一学就会，短时间就可以实现自己设计制作机械玩具的目标。书中除了大量的图文教程外，还有作者几年来的高清作品图供读者参考，书后附录多种1∶1尺寸的齿轮图纸供读者描绘参考。

图书在版编目（CIP）数据

Automata 木质机械玩具制作指南 / 向木而生著 ； 向木而生， 郭巍绘 . -- 北京 ： 化学工业出版社， 2025. 6.
ISBN 978-7-122-47653-1

Ⅰ. TS958. 4-62

中国国家版本馆 CIP 数据核字第 2025Y5G473 号

责任编辑：高　雅　　　　装帧设计：史利平
责任校对：杜杏然

出版发行：化学工业出版社
（北京市东城区青年湖南街13号　邮政编码100011）
印　　装：天津裕同印刷有限公司
787mm×1092mm　1/16　印张17¼　字数390千字
2026年2月北京第1版第1次印刷

购书咨询：010-64518888　　　　售后服务：010-64518899
网　　址：http://www.cip.com.cn
凡购买本书，如有缺损质量问题，本社销售中心负责调换。

定　　价：158.00元

木机山工作室

序 言

2018 年年末，我在网络上看到了一台来自国外的木质机械玩具。当下我就被这种有趣的木作形式深深吸引了。我像是一台沉寂了三十年的机器，被启动了开关，随后便投入到了这种机械木作的学习和制作中。次年，我成立了木机山工作室，开始全身心研究和创作 Automata，并在后面的日子里，将学习到的各种技能融入 Automata 的创作。

Automata，中文翻译成自动机，是一种来自欧洲的机械装置，你可以把它简单地理解为一种机械玩具。它是一种融合了机械设计、材料加工、美学构建、想象表达的综合性信息载体，所以想学习制作它，就需要掌握很多方面的知识和技能。在我学习的这几年，我一直在搜寻有关 Automata 的资料。但我发现这是一个相当小众的领域，在 Automata 发展的 2000 多年间，相关的书很少。后来我才知道，这种高超的技艺，在古代其实接近于一种不传之术，只在技术精湛的钟表匠人和机械工程师间流传。所以我只能通过收集大量的视频资料，通过反复观看，揣摩国外艺术家们的 Automata 作品，提炼出可以学习的信息，包括机械构造和材料处理的工艺。经过 6 年多的自学和创作实践，我已经摸索出一些制作 Automata 机械玩具的经验，所以就想将这些有趣的知识整理出来，分享给更多喜欢机械玩具的人。

我幼年对机械、手工制作、绘画都有着非常强烈的兴趣，这些爱好让我很容易去实践 Automata 的创作。我大学学习的是法律，所以在机械领域的学习里，我依旧是一名爱好者而非专业的机械工程师。这种身份有一个好处，就是我可以跳出机械专业的设计思维，更大胆和创新地看待这些机械构造的应用。同时，我也会以一名机械爱好者的角度，以并不严谨但通俗易懂的方式来写这本书。我希望在机械方面零基础的读者也可以看懂书中所讲的内容，并能应用于实践。

这本书将系统地讲解制作 Automata 装置所涉及的四大知识板块：机械设计、工具耗材、木偶的制作、零件制作。虽然其中涉及的内容繁杂，但本书旨在引导爱好者入门，所以在学习深度上我会加以控制，不做过于详细的探讨。作为一本真正的工具书，我将分享自己多年的实操经验，帮助读者可以在短时间内实现自己设计制作机械玩具的目标。

Automata 本质上来说就是一种信息载体，它和电视、手机、书籍的功能有相通之处。创作者将自己想要表达的内容，通过机械构造和木偶动作来释放出来。而释放的信息可以是娱乐的或者严肃的，可以是通俗的或者艺术的，还可以是具体的或者抽象的，它的内容包容性非常强。所以，从创作的深度来看，它可以满足普通的玩具设计需求，也可以满足艺术创作的需要。对我而言，我已经将创作 Automata 作为一种情感表达的手段、记录生活的方式，它具体是什么形式，什么风格，什么内容，都是随着我的心情变化而变化。

作为初级入门的书籍，本书的知识点不会讲太深，但这并不妨碍读者可以创作出精美有趣的作品。对于制作一台 Automata 来说，机械设计的知识是骨架，材料加工的技术是皮肉，而想象力是灵魂，是核心。我们不是在做一台实用性的机器，而是在做自我表达，是在输出创作者的思想。相比之下，让一台机器运动很简单，但让一台机器有趣，有思想却很难。所以，亲爱的读者朋友们，在后面的学习过程中，请始终以创意表达作为第一要素，机械和技能学习作为第二要素。Automata 的学习和制作过程，将最大化地训练人的动手能力、逻辑思维能力、空间模拟能力、美学表达和想象力，同时也非常磨炼人的耐心、细心和抗挫能力。相信不久的将来，随着更多人加入进来，这种古老的机械主题，将会焕发新的光彩。

最后感谢来自英国的卡巴莱特机械剧院 Cabaret Mechanical Theatre，是它推动了现代 Automata 的发展，让我在无聊的人生中找到生活的乐趣。同时感谢清华大学基础工业训练中心郭巍老师的帮助，她不仅为本书提供了专业的技术指导，也为本书第二章节绘制了大量的案例图片，让这本书的学习变得有趣、直观。

向木而生

目 录

第一章

什么是 Automata

虽然 Automata 这个名字听起来有点陌生，但它是我们熟知的智能机器人前身。在其 2000 多年的演变历史中，它是玩具、是工具，是艺术，它的身份总是变来变去，让人着迷。

1.1 Automata 的发展历史

作为一门工具书，原本没有必要加入这种历史资料，但在国内，绝大多数人没有见过 Automata，更不知其为何。考虑再三，我还是想借此书简单科普一下 Automata 的知识。

Automata 是 Automaton 的复词，Automaton 这一词源自希腊语 automatos，意思是自己行动，代指可以自己移动的仿生人或者动物机械装置，中文翻译过来是自动机。简单来讲，就是对那种仿生（包括人、动物、其他可动的自然事物）机械装置的统称。所以谈及 Automata 的历史，其实就是了解仿生机械装置的历史。

我将摘选历史中的一些经典案例，来简单陈述一下仿生机械装置的历史。

早在古希腊时期，力学和机械学就已经出现，当时的学者为了演示机械的运动原理，曾利用水能、风能、蒸汽能制作出很多机械装置。在这些学者中，最有名的当数来自亚历山大的数学家、力学家海伦（Heron），他曾利用流水为动力，制作了一些有趣的仿生装置。据记载，曾经有这样的一个装置：一个人头形雕塑会从口中吐出水流，水流汇聚在一个盆里。盆的周边有一些小鸟，这些鸟可以发出声音，来模仿真实的鸟叫。水盆不远处有一只机械猫头鹰，当猫头鹰转过头看向水盆时，鸟儿就停止了歌唱，猫头鹰再转头，鸟儿继续发出声音。整个装置都由循环的水流提供动力。

古希腊的机械与力学的知识，后又经过罗马时代的传承和发扬，利用蒸汽、水流等动力创作的机械装置被应用于军事和娱乐。在排除一些神话和夸张的记载后，我能找到的，有真

水流动力装置

仿生机械公鸡

每当报时时，公鸡就会扇动翅膀，并张嘴。

实记录的仿生装置信息较少，所以这块时期就跳过了。

中世纪时期，仿生机械装置再次被关注。12～13 世纪，机械发展的火种从地中海地区，转移到了位于中东地区的美索不达米亚平原。

12 世纪时，美索不达米亚机械工程师、发明家伊斯梅尔·阿尔·贾扎里（Ismail al-Jazari）出版了一本《精巧机械装置的知识之书》。在书中，他描绘了自己的很多发明，其中比较有名的就是大象钟和水动力的乐团。

大象钟

这台大象钟是如何运转的呢？其实在大象身体内部有个水箱，里面盛满了水，而水面上漂浮着一只特殊的碗。碗的底部有一个经过校准的洞，可以保证水流从下面慢慢流进碗里，而碗的另一端通过一根长长的绳子与顶部的装置相连接。大概每半小时，碗就会沉入水底，而当碗下沉时，其通过一根绳子，牵动了大象身上城堡顶部的一个机械装置，于是一颗钢球掉了下来，撞击了凤凰底下的风轮，带动凤凰旋转。钢珠顺着轨道滑行，准确地掉进了两条龙的嘴里。龙因其平衡被打破，开始向下倾斜，并最终将钢珠吐进了大象身上的罐子里，而罐子里的机关被钢珠触发，于是象车夫发生了挥手的动作。当龙头吐出钢珠后，其又恢复了初始的状态，这个时候它又将碗从水底拉上来，一切开始重新计时。听上去是不是很像多米诺骨牌，机关一个连着一个。大象钟最初大概有 1.2 米长，1.85 米高。它于现代重建，高 8 米，在迪拜的 Ibn Battuta 购物中心。

后来，机械发展的火种，又回到了欧洲大陆，并在欧洲文艺复兴时期积攒了巨大的生长能量。

14 世纪初，机械报时钟表开始出现在欧

洲，机械设计学和加工技术在不断完善，与此同时，仿生机械装置也不断地与当地宗教文化相结合。大量的仿生人偶、动物偶陆续出现在教堂、修道院的机械钟表上。

15～16 世纪，仿生机械装置几乎成了欧洲教堂的必备品。可以动的机械仿生耶稣圣像、魔鬼像、动物像出现在宗教里的各个角落。1510 年，德国锁匠彼得·亨莱思发明了钢材质的发条，并应用于钟表。发条组件的诞生，为仿生人偶的快速发展，提供了新的驱动来源。1560 年左右，约奈奥·图瑞奴（Juanelo Turriano）为当时的罗马皇帝查理五世孙子唐·卡洛斯建造的一名修士自动机。这位修士，身束外衣，头顶蒙头斗篷，脚穿凉鞋。手拿念珠和十字架。当发条上满劲儿后，它便开始移动。其每向前移动一步，便举起左手十字架和念珠，右手捶胸，然后亲吻十字架。同时期，在意大利、法国、德国地区的那些宫殿花园里也开始流行修建水动力的仿生机械雕塑，这些能动且带有恶作剧设计的装置，一时成了权贵阶层娱乐的新宠。

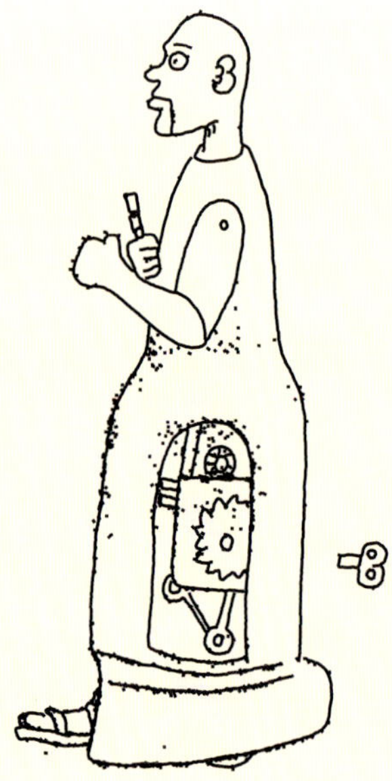

修士自动机

到了 17 世纪，随着宗教改革，大量的机械圣像被摧毁，仿生机械装置在宗教领域终止了发展，却在新的哲学思潮中不断升级。

当时，法国的哲学家、数学家、物理学家勒内·笛卡尔（René Descartes）提出了一个新的观点：动物其实也是一种有生命的机器，它的灵魂和肉体是分离的，但又相互依靠。按照这个思路，人体和动物的每个器官其实都属于可以被创造的零件，而将这些零件组装到一起就可以实现生命的再造。在这种思潮下，很多医生、机械师、钟表匠人带着极大兴趣投入到更加逼真的仿生机械装置的研发上。

1738 年，来自法国的年轻工程师雅克·沃康松（Jacques Vaucanson）在巴黎举办的圣日耳曼博览会上展示了其发明的“长笛手”仿生装置。这是一台人形机器，它手持长笛，可以连续演奏 12 首曲子。其构造原理是由 3 个肺部风箱出气，凸轮组控制唇部、舌头、皮质手指，实现对笛子的演奏。

长笛手

"长笛手"的出现，轰动了当时的发明界，它一度让人觉得通过机械构建生命的想法是可行的。

沃康松另一个有名的作品是机械仿生鸭子。作者将一些玉米谷物投喂到鸭子嘴里，鸭子的嘴开始出现咀嚼动作，然后咽下食物，在等待片刻后，它的尾部排泄出一块黏糊糊的粪便。在作者的描述中，这只鸭子内部有一套仿生的消化系统，但对其是如何运转的却避而不谈。再后来，人们发现这个鸭子的粪便与吃进去的食物根本不同，这些粪便是作者提前调制好的，放入尾巴内部的一个零件内，等到特定的时间点就会被挤出来。

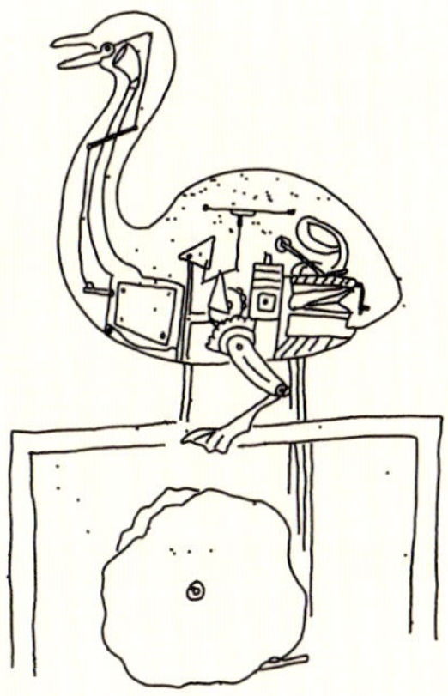

鸭子

尽管这种小把戏被揭穿，但是这种用机器无限模仿真实动物的创作激情却持续感染着更多的发明家。

1769年，一名来自匈牙利的工程师沃尔夫冈·冯·坎普林（Wolfgangvon Kempelen），发明了一个可以下棋的土耳其机器人。在接下的40年里，坎普林带着这个机器人周游了欧洲和美国。在记载中，这个机器人可以与人下棋，并能纠正对手的错误。人们都在惊叹这种巧夺天工的发明，但是也有不少人否定机械的智能化设计，认为机械不可能像人一样思考，但这个仿生装置是如何拥有了人的大脑的呢？历史总是会揭示谜底，后来人们发现在这台机器的机箱底座中，还藏着一个暗格，曾经有一位棋术高超的人藏在里面操控人偶运动。

下棋机器人

到了18世纪末，来自瑞士的钟表制造商皮埃尔·雅克德罗和亨利·路易斯·雅克德罗父子，陆续制造出了3台真正意义上的仿生人偶自动机。这三台机器分别被命名为作家、画家和音乐家，它们分别是可以写40个不同字符的小男孩，可以画4幅不同画的另一个男孩，还有一位可以演奏风琴的少女。这3台机器精美绝伦，动作惟妙惟肖，至今依旧藏于瑞士纽查特尔的艺术馆。

作家、画家和音乐家

19 世纪，瑞士的大卫·梅亚尔根据雅克德罗父子设计的机器人，设计出了一台内存更大的仿生人偶，它能画四幅画，能写三首诗，两首用法语，一首用英语。这台机器人后因各种原因被严重损坏，现存于美国费城富兰克林研究所。

18 世纪，工业革命诞生，机械的发展进入了加速阶段，大量的自动机被生产出来，成了很多商人出口贸易换取财富的产品。随着自动机技术不断成熟，并与机械钟表技术、八音盒技术相结合，此时产生了大量的复合型机械产品。自动机也就此进入了发展的黄金时代。

在这段时间，法国成了自动机发展最繁荣的地方，自动机的生产开始细分化并专业化。大量精美的机器被制作出来，远渡重洋，来到亚洲和美国，成了王宫贵族和富裕阶层的宠儿。其中生产最多的就是自鸣鸟和复合型钟表。当时中国处于乾隆时期，曾有大量的西洋机械装置，包括复合型的机械钟表、八音盒流入皇宫。我们现在还能在故宫博物院看到当年那些巧夺天工的机械作品。

虽然，Automata 的发展在 19 世纪达到高潮，但是其昂贵的造价，让自动机自始至终都是服务于权贵阶层，普通民众根本消费不起。平民市场的空缺，让一些敏锐的玩具公司看到了商机。19 世纪中期，一些德国工匠开始用一种镀锡铁皮（马口铁）结合发条机构，制作成一种小型自动机。到了 80 年代，铁皮玩具上开始出现彩色印刷图案，使得这种铁皮发条玩具更加具有吸引力，并且开始在欧洲流行起来。

20 世纪初，第一次世界大战爆发，Automata 的黄金时代终结。一战和二战逐渐瓦解了昂贵自动机的消费阶层，大量奢侈豪华

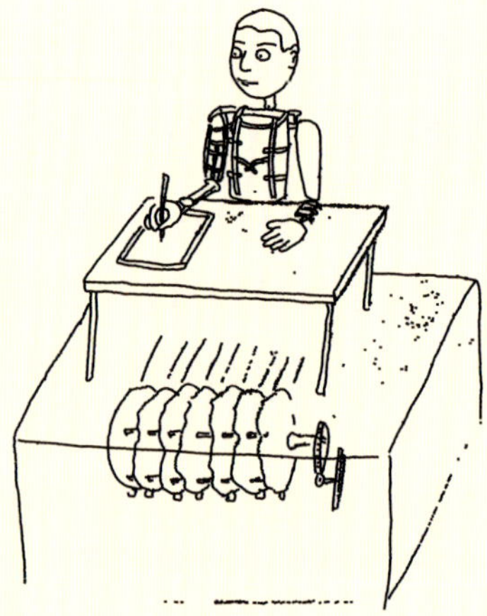

能画画写诗的人偶

自鸣鸟

铁皮发条玩具

的自动机装置被尘封起来，而低配版的发条玩具，却进入了高速发展时期。德国成为当时铁皮发条玩具的主要制造国，产品大量出口，随后法国和英国也加入了出口竞争，从而加快了铁皮发条玩具在全球范围内的普及。在中国，20 世纪 30 年代，上海康元制罐厂开始生产铁皮发条玩具，并开启了中国铁皮发条玩具的流行历程。

第二次世界大战之后，日本玩具紧跟潮流，推出了很多经典的铁皮玩具产品。逐渐取代德国铁皮玩具“世界工厂”的地位，同时开始在发条驱动的基础上增加了电力驱动。到了 70 年代末期，随着塑料工业的发展壮大，以及各种经典卡通 IP 的出现，铁皮发条玩具在制造成本、造型、玩法上的弊端日益凸显，科技感更足的塑料玩具开始逐步取代铁皮发条玩具。直到 90 年代，铁皮发条玩具退出大规模生产，走向衰落，但如今在古董玩具收藏领域仍占有重要地位。

Automata 就这么消失了吗？并没有，随着电气化时代的到来，电动马达的出现取代了传统的发条装置，这使得 Automata 可以长时间不间断地进行表演。动力结构的升级，使得很多自动机开始跨领域刷存在感。是的，一个可以活动的人偶，不停地进行有针对性的表演，可以让商店橱窗变得活泼有趣，吸引更多的消费者关注。这里，我不得不提到目前我们国内一些景区，会有一些店铺使用仿真的活动人偶进行磨药，推碾子等活动，这些仿生机械装置在广告上的应用效果与 20 世纪流行的橱窗自动机是一模一样的。

时间来到了 20 世纪 80 年代，在英国一个叫作法尔茅斯的小镇上，仿生机械以一种艺术化、娱乐化的形式，重新回归人们的视野。

卡巴莱特商店的木质机械玩具

艺术学院毕业的苏·杰克逊（Sue Jackson，1938—2016）女士在当地经营着一家名为卡巴莱特的商店，机缘巧合下，她开始售卖退休美术教师彼得·马基（Peter Markey）制作的 Automata 木质机械玩具，这些新颖的、有趣的，带有强烈幽默感和少许设计感的手工品，很快受到了游客的欢迎。苏开始邀请第二位同样是艺术学院毕业的制作人 Paul Spooner，进行 Automata 玩具更准确来说是小型机械雕塑的制作。这是一个非常正确的决定，Paul Spooner 在日后的几十年里展现出了惊人的创作天赋。在他与其他 Automata 制作人、艺术家的参与下，卡巴莱特商店开始转变为一个专门展示销售 Automata 机械作品的地方，并更名为卡巴莱特机械剧院（Cabaret Mechanica Theater）。

从剧院诞生之日起，苏以及她的女儿将这种新型的 Automata 装置艺术以展览的形式在全球很多国家进行传播。并在短短的 40 年里，获得了全球上万人的关注，越来越多的人开始从事 Automata 的制作和分享，并由此诞生了一个风格各异、技术精湛的艺术家群体。

时至今日，Automata 的主要活跃区分布在欧洲、美国和日本。

纵观 Automata 的发展历史，我们不难看出，在 2000 多年的成长生涯中，其形态一直在发生着变化。从最初的大型户外机械雕塑，到后面服务于宗教的仿生圣像、花园机关场景雕塑，再到室内金属人偶、动物，直至桌面级的木质机械装置，Automata 的体积越来越小，构建形式越来越简化，而其驱动力来源，也从蒸汽、水流、重锤演变到发条组和手摇柄，所以不论从构建形式还是驱动类别来看，Automata 的演变应是分阶段的。我将第一次世界大战之前的主流自动机称之为古典 Automata，而从 20 世纪 80 年代，卡巴莱特机械剧院之后流行创作的木质 Automata 称之为当代 Automata。

当代 Automata 和古典 Automata 有着很明显的区别。当代 Automata 通常是采用木头材质（目前看，其他材质也不断加入），结构简单，造价成本低，其机械部件通常裸露在外，结构设计为手摇柄驱动，表达主题和理念更符合现代人审美，同时有向艺术表达延伸的趋向，其所采用的机械构造更加丰富多样。而古典 Automata 以黄铜等金属材质为主，结构工艺复杂，生产成本高，机械部件通常都隐藏起来，其驱动来源一般为发条组件，主题一般比较仿生化、生活化，艺术性不强。其所采用的机械构造通常以异形凸轮组为主。

尽管 Automata 在中世纪时曾一度成为宗教的传播工具，但在其主要发展时段，依旧是用于满足权贵阶层的娱乐需求。所以，我认为将 Automata 归为一种娱乐性的仿生装置是不为过的，你也可以理解为玩具，只不过这不是大众能常接触的。但从 Automata 目前的发展趋势来看，Automata 的艺术性也在被世界各地的艺术家开发，动态雕塑将会成为 Automata 的新标签。

在 Automata 漫长的发展史中，还有各种各样有趣的机械发明，鉴于篇幅，本节就不再展开介绍。

1.2 如何定义 Automata

了解完 Automata 的历史后，我们需要对 Automata 是什么，什么是当代 Automata 做一个更加准确的定义。

我们首先要清楚一点，不是所有的机械装置都是 Automata。Automata 第一要素是仿生，第二要素是非实用功能性，第三要素是纯机械联动。然后根据这 3 点，我结合自己的理解，对 Automata 做了解释。

Automata，中文名为自动机，是一种借助某种驱动介质或部件如蒸汽、水、风、发条组、手摇柄、电力等，驱动一系列机械组件运动，从而实现模仿人、动物或者自然事物运动，完成表演任务的非实用功能性装置。

当代 Automata，主要代指从 20 世纪 80 年代卡巴莱特机械剧院之后开始流行的，以木头为主要构建材质（也包含其他材质），手摇动力驱动为主，纯机械仿生类的小型娱乐装置。它一般由机械部件和表演部件两部分构成。当转动手摇柄时，机械部件开始运转，并操控表演部件进行模拟人、动物、自然事物的动态，从而传达一定的信息。

我们现在谈到的 Automata，其更多属于西方机械史中的一个类别，在国内传播的时候，取一个什么样的中文名字来指代它才合适呢？

词典里 Auto 的意思是自动，自己行动的意思，而 Automata 翻译为自动机、自动机械装置或者小机器人。从 Automata 的特性来看，机器人肯定是不合适的，因为其表演内容除了人还可以有动物甚至自然界中能动的其他事物。我在学习的早期，也曾想给 Automata 取名叫作木偶机，从现存的很多 Automata 作品来看，确实很多偶的部分是木质的，但是这并不绝对，而且在未来，Automata 的材质选择也更加丰富。木偶机限制了 Automata 的材质选择，所以我也放弃了。

当然，也有人给 Automata 定义为机巧装置，或者机巧玩具，我认为也是不准确的。虽然机巧这个词很早就出现在我国的典籍当中，但随着后续中华的机械文明传播到日本，机巧这个词的使用与日本文化产生了紧密的联系。日本工匠又从机械实践中，摸索出一套高效巧妙利用机械组件的方法，简称“机巧法”（Karakuri）。机巧法不仅应用于制作娱乐性机械仿生玩具如奉茶童子、射箭童子等，还应用到实用功能性机械设备上。而机巧装置一词也被日本机械匠人代指可实现省力高效的机械构造，其使用范围依旧没有聚焦娱乐性机械仿生装置。简而言之，机巧装置的指代范围太宽。而且，“机巧装置”目前的使用场景，依旧有浓厚的日式文化。在中国文化的环境中，使用日式文化的词汇代指西方文化的产物，总有些不合适。这里还有一点需要明确，我们现在提到的 Automata，更明确地指向了西方的娱乐性机械仿生装置。历史上，日本机巧人偶 karakuri 的发展受 Automata 的影响巨大，广义上讲，日本的 Karakuri 仿生人偶玩具也属于 Automata 的范畴。

所以最终来看，以“自动机”一词，其英文直译，作为 Automata 国内传播的代指名称，是最合适不过了。

你有没有发现，在科技如此发达的 21 世纪，Automata 的发展好像停留在了纯机械联动的形式上。对于电动智能化的仿生机械装置，很少有人把它们归纳到 Automata 里面，而是归为机器人。是的，我也愿意将 Automata 归纳为一个时代的符号，纯机械化时代的智慧结晶。

救生圈

第二章

机械结构的学习与应用

机械设计的知识在上百年中，一直被上层社会作为垄断财富所占有，秘而不传。但如今，当我们普通人揭开了它的神秘面纱，发现它的内容并没有想象中的那么复杂，一切有迹可循。

机械知识浩瀚如海，但对于一名 Automata 制作者来说，我们并不需要精通机械知识，那些优秀的创作者通常会使用固定的机械构造来设计玩具。因为是采用木头来制作，所以这些挑选出来的机械构造结构简单、稳定，并且容易加工，我们只需要学会这些常用的机械构造，就可以开始创作了。

在 Automata 制作的入门阶段，我挑选了 20 种左右的机械结构进行学习。这些构造非常简单，不会涉及太深奥的理论和计算问题。对于机械知识零基础的同学来说，学习难度也很小，所以大家不用担心。

作为一名业余的机械爱好者，我发现机械设计的核心思维就是转化。我们设计一台机器，其实就是想办法将源动力的运动，转化为另一个地方我们需要的运动。比如我们生活中的自行车，将脚踏板的圆周运动转化为两侧轮子的圆周运动；破土机，将马达的圆周运动，转化为钻头的上下运动；等等，细心观察我们生活中的机器，都是这样设计的。所以在整个学习过程中，我们都要有一个运动转化的意识。就是说，一个方向的运动，是如何转化成另一个方向的运动，这个转化过程都借助了哪些结构。

如果你能灵活地借助所学的机械构造进行运动转化，那设计一台 Automata 将变得非常简单。

2.1 正心圆轮——圆周运动

在学习第一个机械构造前，我们先了解一下常用零件的名称和使用场景。

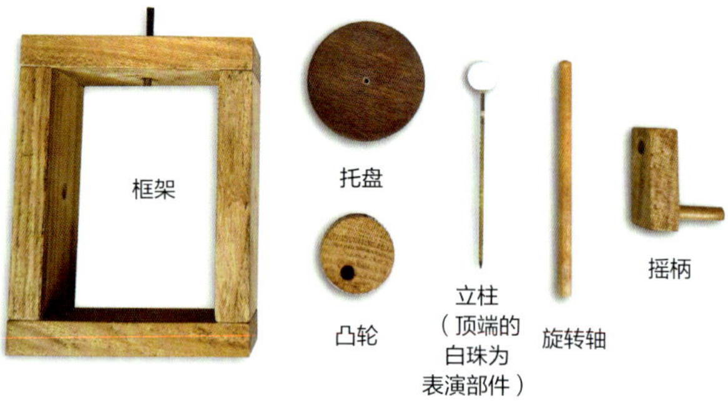

本图是一个机械模型以及它的各个零件。在这个机械模型中，旋转轴穿过框架的左右侧板，并且在其中间安装了一个轮子，轮子的上方是一个托盘，托盘的中心位置垂直安装了一根立柱，立柱穿过框架顶板的孔洞（滑槽），在立柱的最上端是一个白珠（白珠指代的是

表演部件）。我们看到轮子与托盘是相接触的。当我们转动摇柄时，轮子会进行旋转，托盘会受到轮子的影响而被动运动，进而这种被动运动会传导给立柱以及顶端的白珠。不同形状的轮子影响托盘产生不同的运动，托盘再控制白珠进行不同的动作。这，就是某些木偶运动的基本逻辑。

我把这种机械结构组合叫作简单凸轮组，而这里的轮子就是我们学习的重点。

好了，理解了这个组合之后，我们来学习第一个轮子——正心圆轮。

我们用圆规在一块木板上画出一个圆，然后将圆切割出来，并在圆心位置钻一个孔。这样我们就得到了一个正心圆轮（以下简称圆轮）。

正心圆轮

（1）我们将圆轮安装到旋转轴上，并调整其位置到托盘的正下方。

转动摇柄，托盘没有发生什么动作。

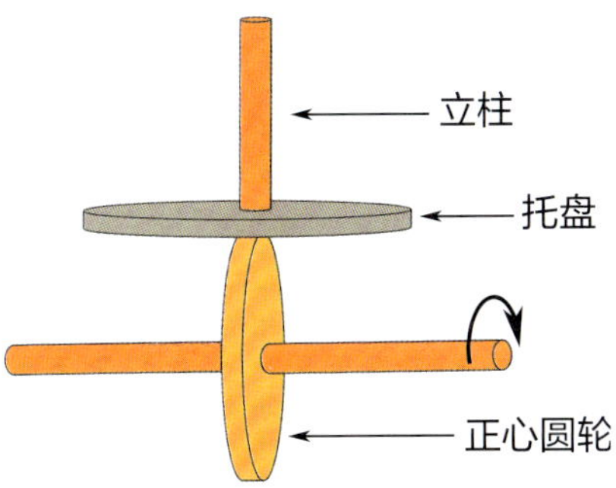

（2）调整圆轮位置至托盘中心的外侧一点。

转动摇柄，托盘开始旋转。

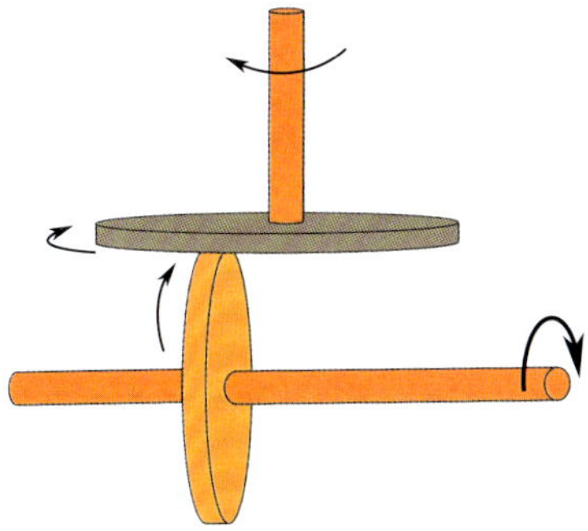

（3）继续调整圆轮位置，使其更靠近托盘的边缘。

转动摇柄，托盘依旧旋转，但旋转速度比调整前慢了。

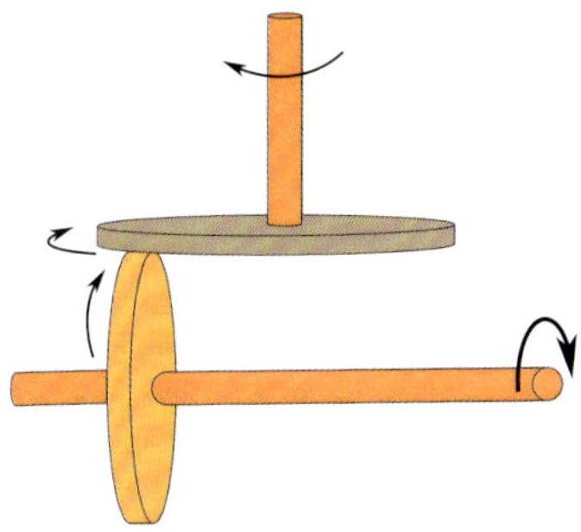

（4）同一个位置，更换一个直径更大的正心圆轮。

转动摇柄，托盘的转速变快了。

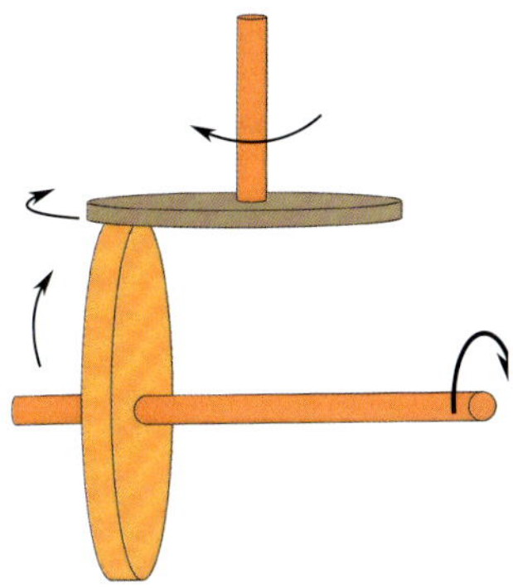

知识点总结

（1）正心圆轮置于托盘非中心下方时，转动摇柄，托盘会进行圆周运动。

（2）同一个正心圆轮，越靠近托盘中心，托盘被动旋转的速度越快，反之越慢。

（3）旋转轴上同一个位置，正心圆轮直径越大，托盘被动旋转的速度越快，反之越慢。

思考

a. 为什么圆轮在托盘中心下方时，托盘不会转，而移动到侧方，托盘了就会旋转呢?

b. 生活中，有哪些物体产生的动作是圆周运动呢?

案例分析

芭蕾舞

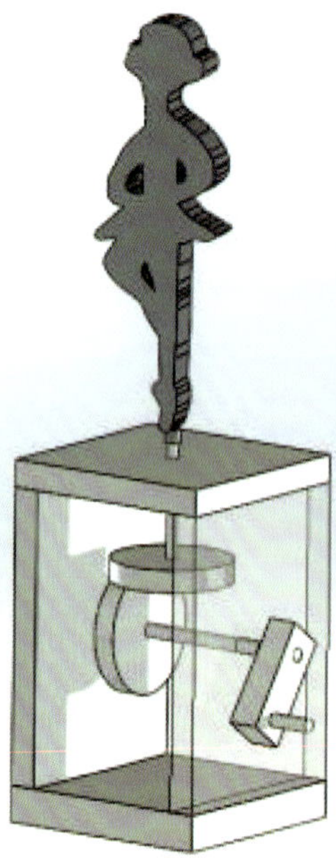

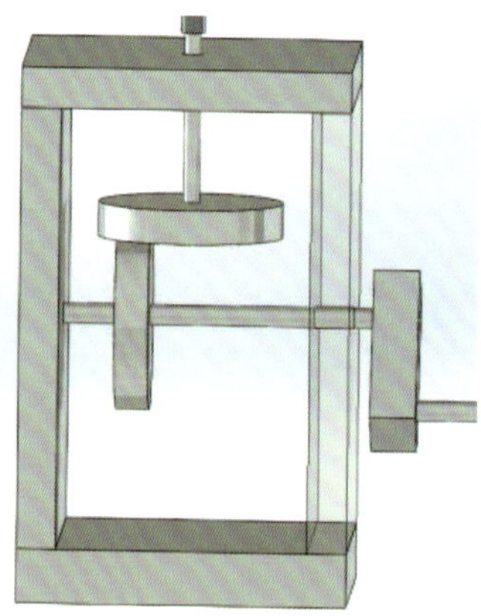

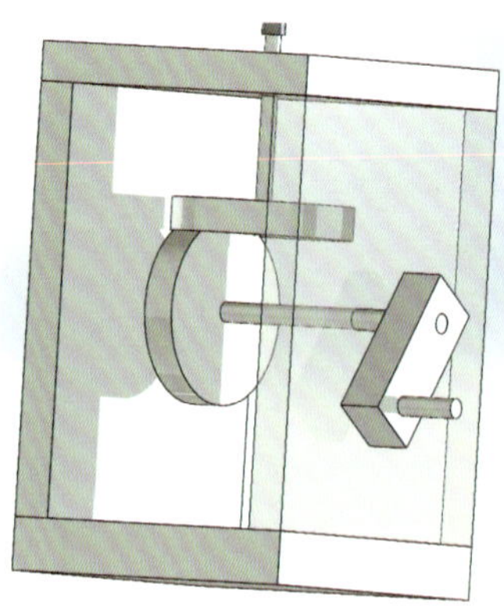

在这个小作品中，正心圆轮位于托盘的侧下方。当转动摇柄时，芭蕾舞演员就会快速旋转。

2.2 偏心圆轮——上下运动、上下圆周运动、上下左右运动、左右摆动

我们用圆规在一块板子上画出一个圆，然后将圆切割出来，并在非圆心的任何一个位置钻出孔。这样，我们就得到了一个偏心圆轮。

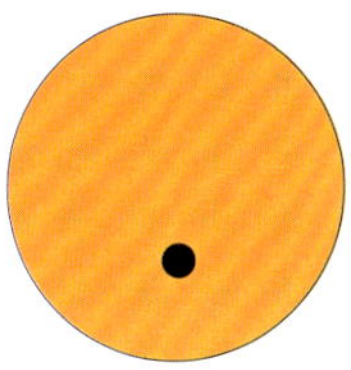

偏心圆轮

结构 1——上下运动

我们先做一个简单凸轮组。

（1）我们将偏心圆轮安装到旋转轴上，调至托盘的中心正下方。

转动摇柄，托盘会进行上下运动。并且，摇柄旋转 1 圈，托盘完成一次上一次下的运动。

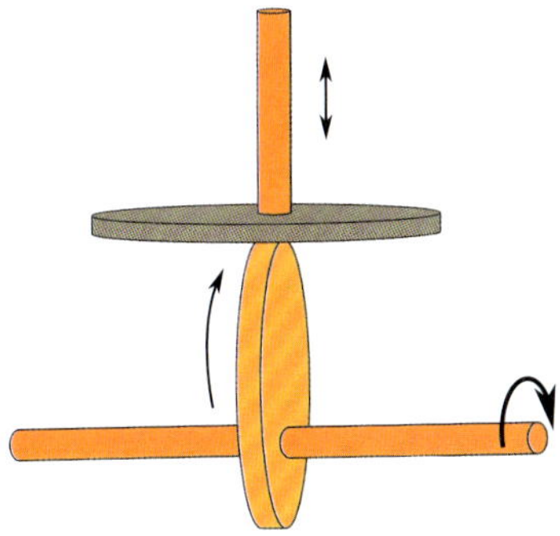

（2）将偏心圆轮位置调至托盘非中心下方的左侧。

转动摇柄，托盘会一边进行圆周运动，一边上下起伏。

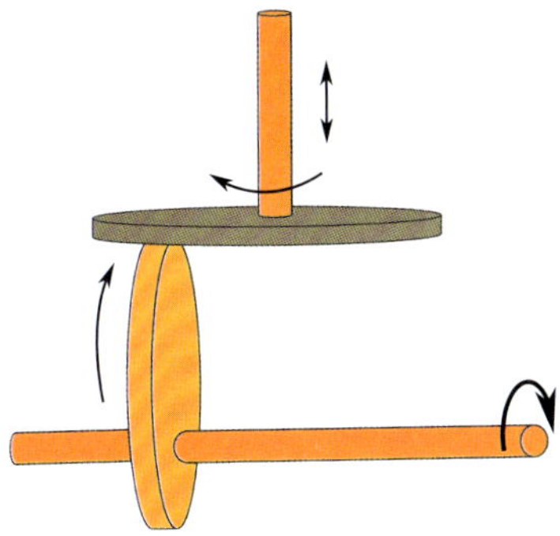

（3）将偏心圆轮位置调至托盘非中心下方的右侧。

转动摇柄，托盘会一边进行圆周运动，一边上下起伏，托盘旋转的方向与第 2 步相反。

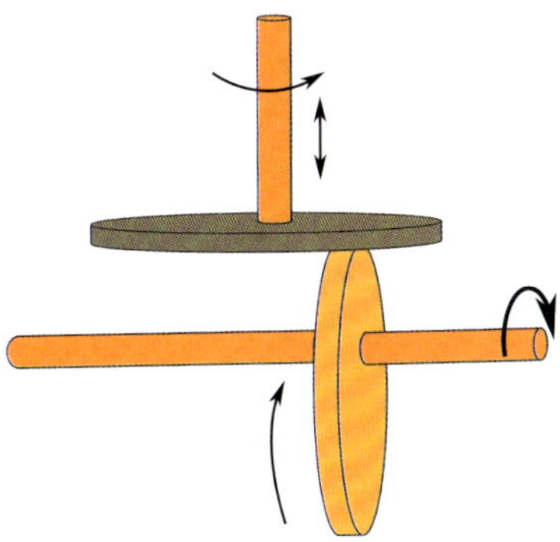

第二章

（4）取下偏心圆轮，在距离圆心更远的部位钻孔，然后将新孔插到旋转轴上，调整偏心圆轮位置于托盘中心下方。

旋转摇柄，观察托盘的上下起伏幅度，比第一次孔位的幅度要大，上升的高度更高，下落的高度更低。

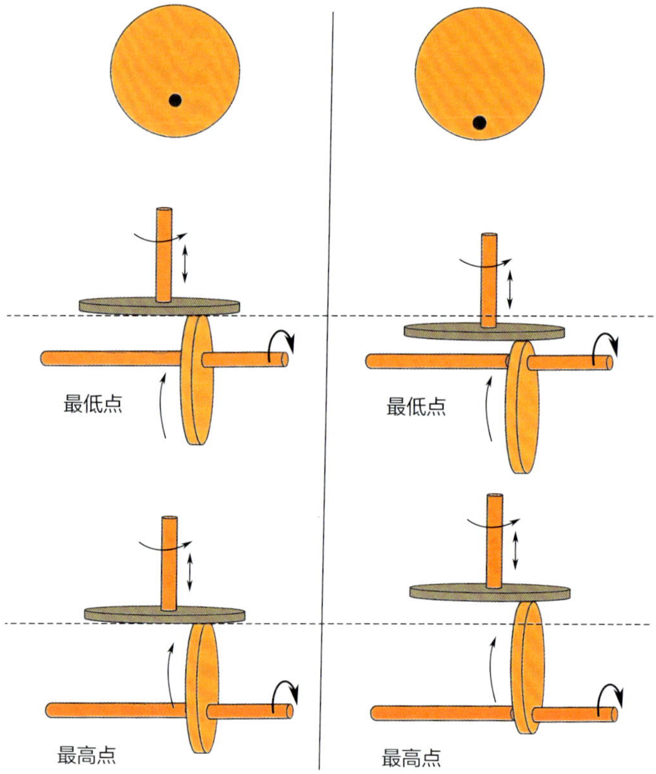

知识点总结

（1）偏心圆轮置于托盘中心正下方时，转动摇柄，托盘仅会进行上下运动。

（2）偏心圆轮置于托盘非中心正下方时，转动摇柄，托盘会进行上下圆周的同步运动。

（3）将沿顺时针运动的偏心圆轮分别置于托盘的两侧，托盘会产生正反两个方向的旋转。

（4）偏心圆轮制作时，孔心到圆心的距离越长，托盘的运动幅度越大。

思考

a. 托盘的运动幅度和孔心圆心的距离，偏心圆的半径是什么关系？

b. 观察一下身边，有什么东西动起来是上下运动呢？

c. 结合上下圆周运动的结构，设计一个小的方案。

案例分析

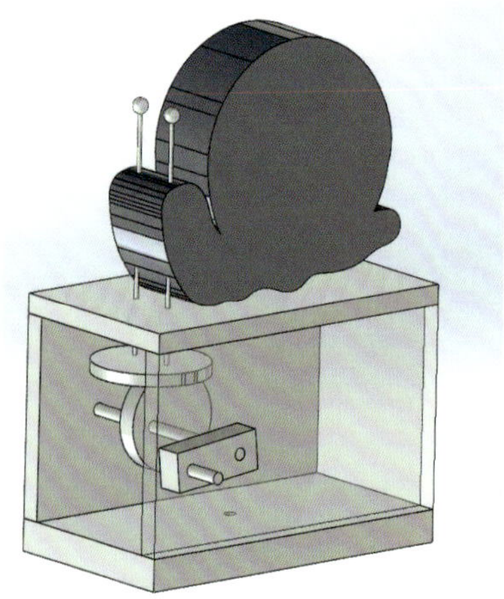

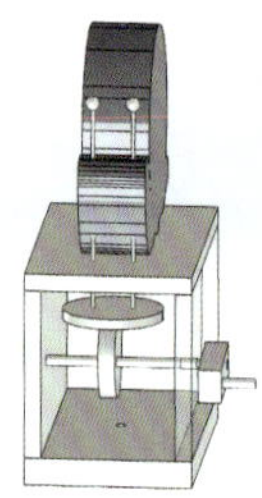

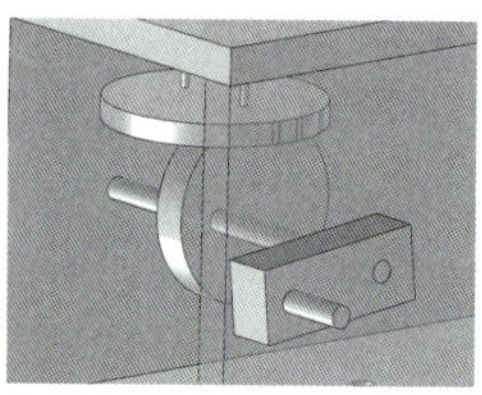

蜗牛

在这个案例中，偏心圆轮置于托盘的正下方。蜗牛的 2 颗眼睛，安装在 2 根立柱上，而 2 根立柱固定在托盘上，这种设计可以保证托盘在进行上下运动时更稳定，不会发生旋转。当转动摇柄时，蜗牛的眼睛就会上下起伏。

制作这种简单凸轮组的时候，需要注意，托盘的半径尽量大于偏心圆的轮子旋转半径。

结构 2——上下左右运动

我们将 2 个相同的偏心圆轮，固定到旋转轴上，分别置于托盘下方的两侧，并且让两个偏心圆轮呈反向形态，如图。

（1）转动摇柄，托盘会进行左右转动，同时伴随上下起伏运动。

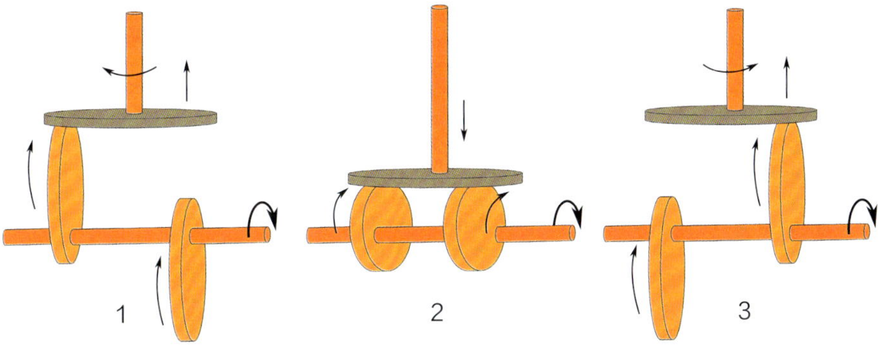

（2）在托盘的后侧，插入一个木棒，然后在木棒两侧安装立柱。

转动摇柄，托盘只能在两个立柱范围内左右摆动。

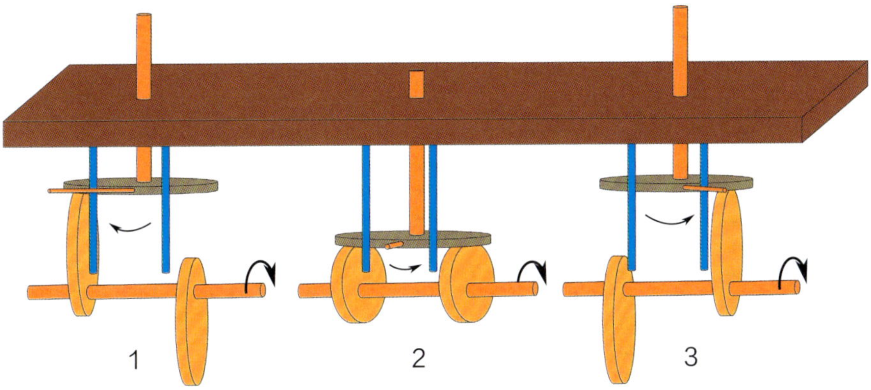

知识点总结

（1）当两个偏心圆反方向安装在托盘下方两侧时，转动摇柄，托盘会进行左右摆动，并伴随上下运动。

（2）这种结构中，可以通过给托盘装“尾巴”，来控制托盘左右摆动的幅度。

思考

a. 为什么托盘会进行左右摆动呢？

b. 想一个你见过的进行上下左右运动或者左右运动的事物。

案例分析

土拨鼠

在土拨鼠这个案例中，转动摇柄，土拨鼠就会上下起伏，同时会左右张望，将土拨鼠小心谨慎的状态完美地呈现出来。想想看，如果我们想限制土拨鼠左右转头的幅度，或者想加大土拨鼠上下起伏的距离差，应该怎么调整呢？

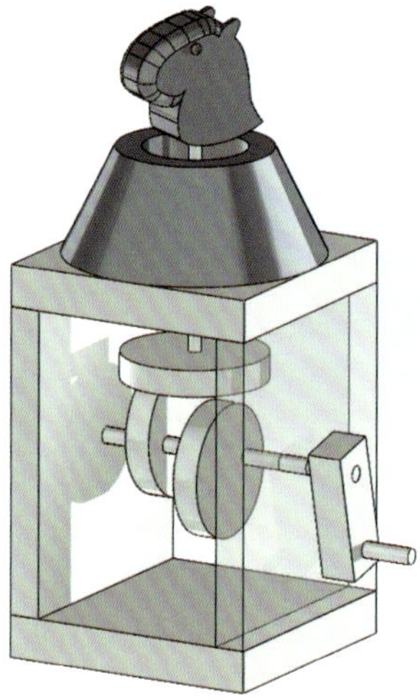

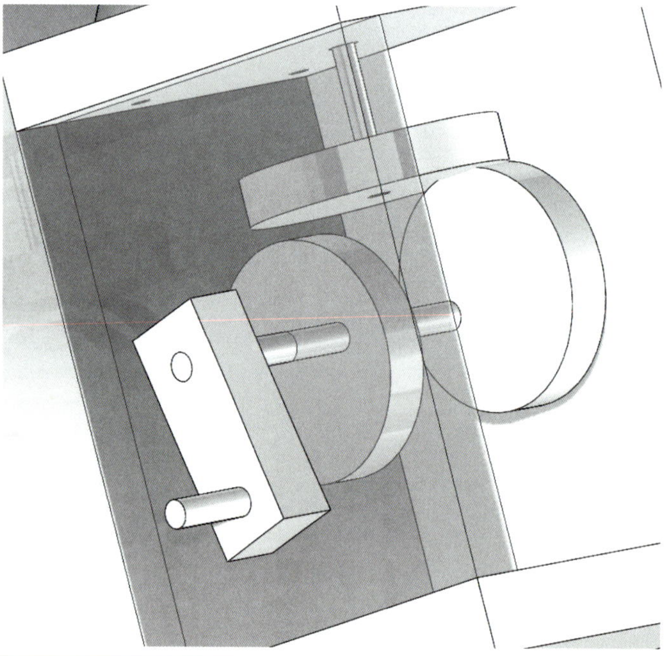

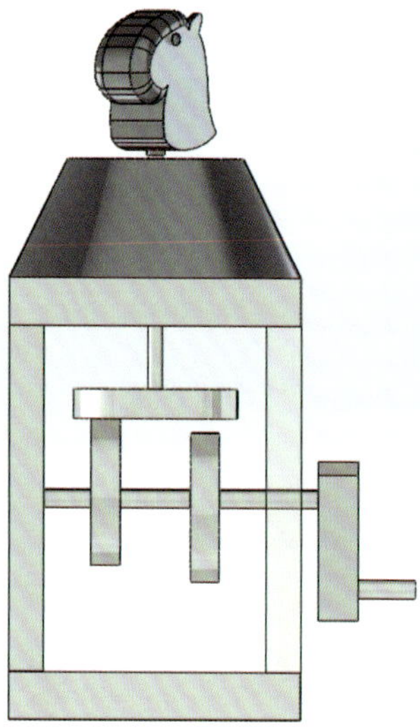

结构 3——左右摆动 1

如果我们想获得一个单纯的左右运动，应该怎么做呢？我们可以将上一个案例中的托盘立柱去掉，在两个偏心圆轮中后方安装一个可以旋转的立柱，立柱对应旋转轴水平的位置安装一个挡板，如图。

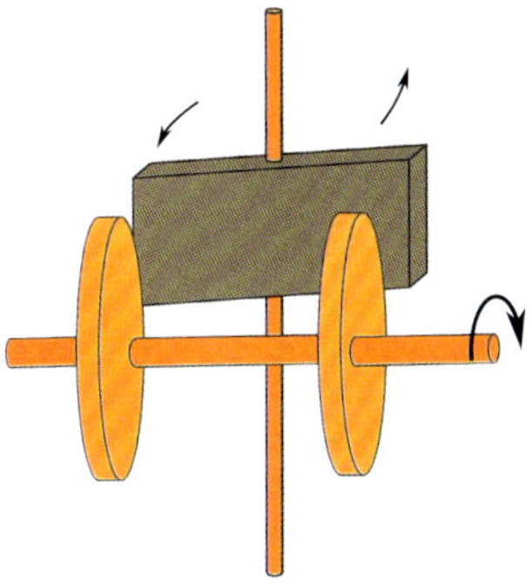

（1）当转动摇柄时，挡板会被左右偏心圆轮交替后推，立柱实现左右旋转的往复运动。

（2）将两个偏心圆轮移动到挡板边缘处，再次转动摇柄，立柱左右旋转的幅度变小。

思考

a. 在这个结构中，都有哪些因素可以影响到左右摆动的幅度？

b. 你能举出几个要用到左右摆动的例子呢？

知识点总结

两个偏心圆与活动挡板配合可以实现左右摆动，摆动的幅度范围可以调整。在使用这个结构时，需要注意立柱与旋转轴之间的距离，它有一个最佳的数值，需要调试得到，在这个数值下，两个偏心圆轮可以顺利地交替接触挡板。

案例分析

游泳的鱼

这个案例里，鱼被制作成 3 段，每段之间通过一个合页相连接。鱼的中间身体与立柱相连。当立柱进行左右旋转的时候，鱼头和鱼尾就会来回摆动，实现了鱼在水中游泳姿势的模拟。

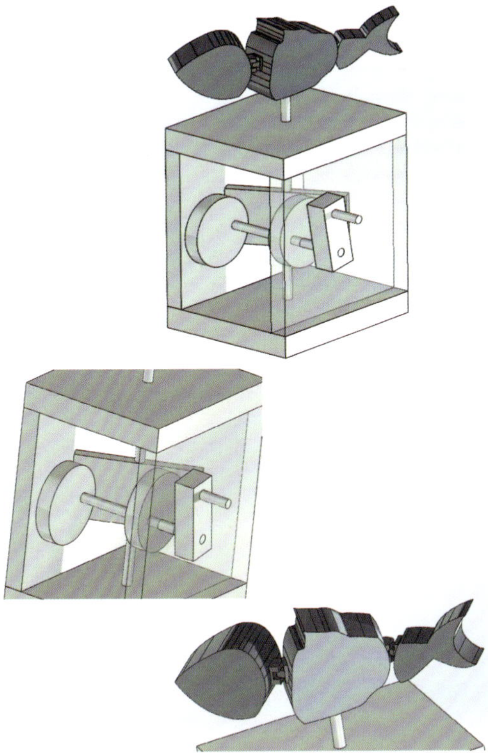

结构 4——左右摆动 2

根据上一个结构的运动原理，我们也可以做出一个类似的结构，如图。

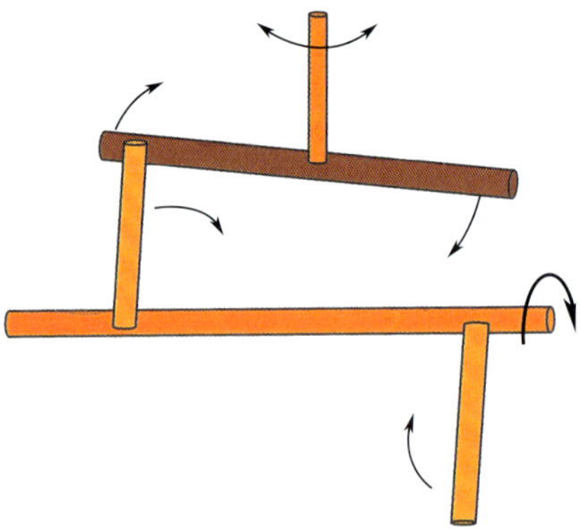

我们将上个案例的挡板更换成一根横向挡杆，将两个偏心圆轮也更换成木条作为拨杆。当主轴进行旋转时，轴上的两根拨杆会依次推动后上方的挡杆进行左右摆动。我们可以通过调节主轴两根拨杆的间距来调控挡杆左右旋转的幅度。

需要注意的是，在采用这种结构时，挡杆所关联的立柱位置应处于旋转轴的后方，如果置于旋转轴的正上方，容易造成卡顿。

案例分析

小狗和蜜蜂

这个案例里，当我们转动摇柄，蜜蜂就会做圆周运动，而小狗的头部会左右摆动，好像是在观察蜜蜂的运动。这个案例采用了我们学到的两种运动结构，一种是圆周运动，由一个正心圆轮操控托盘实现蜜蜂转圈的效果；另一种是左右摆动，小狗的头部与框架里的挡杆连接，由两根拨杆交替拨动实现小狗头部的左右运动。在这个案例中，我们可以通过调整正心圆轮的固定方向，来实现小狗头部与蜜蜂运动方向的一致。

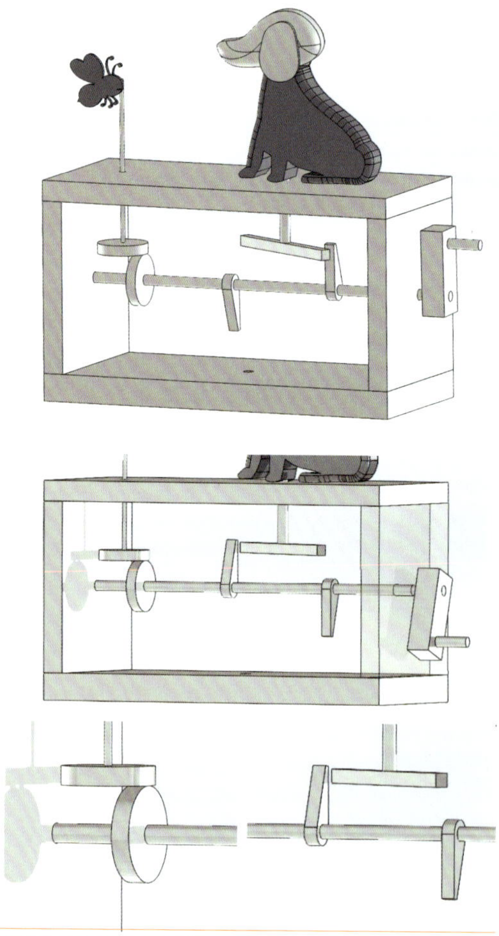

2.3 简易凸轮——上下运动

什么是凸轮，简单来说就是，只要不是正心圆轮，其他形状的轮子都是凸轮。比如三角形轮、正方形轮、偏心圆轮、长方形轮、梯形轮，等等。这一节，我们认识几个常用的，造型简单的轮子。

我们在木板上分别画出以下 3 种图案，并在中心位置钻孔，就得到了 3 个简易凸轮。

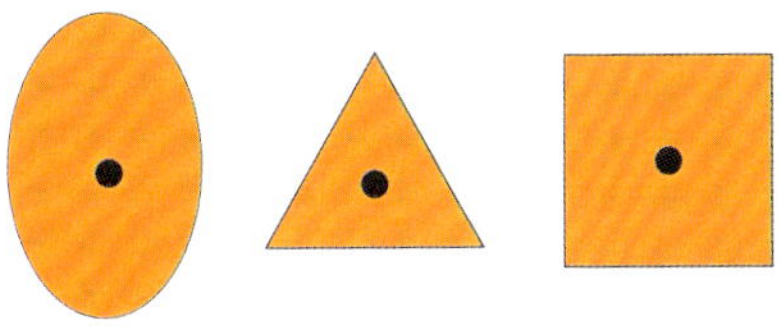

椭圆形凸轮　　三角形凸轮　　正方形凸轮

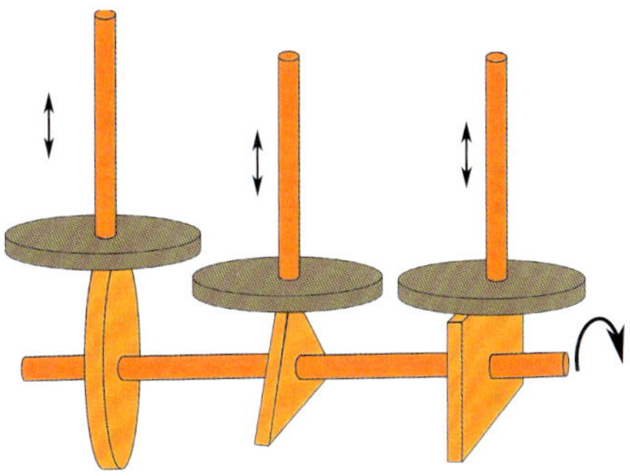

（1）我们将椭圆形凸轮安装到托盘正下方的旋转轴上，转动摇柄，发现托盘会上下运动，幅度很大，而且摇柄旋转一周，托盘进行了 2 次上下运动。

（2）将椭圆形凸轮更换为三角形凸轮，转动摇柄，发现托盘上下运动幅度减小，频率加快。摇柄旋转一周，托盘进行了 3 次上下运动。

（3）将三角形凸轮更换为正方形凸轮，转动摇柄，发现托盘上下运动幅度继续减小，频率变更快。摇柄旋转一周，托盘进行了 4 次上下运动。

知识点总结

（1）在该结构中，椭圆形凸轮、三角形凸轮、正方形凸轮会影响托盘进行上下运动，在旋转轴转动一周的情况下，当凸轮的凸起数越多，托盘上下运动的次数就越多，简单说就是运动的频率越高。

（2）在一个凸轮中，外边缘上有两个点，一个是距离旋转中心最远的，一个是最近的。这两个点与旋转中心的距离分别是 a 和 b，当 $a-b$ 所得的值越大的时候，托盘上下起伏的距离越大，简单说就是运动幅度越大。

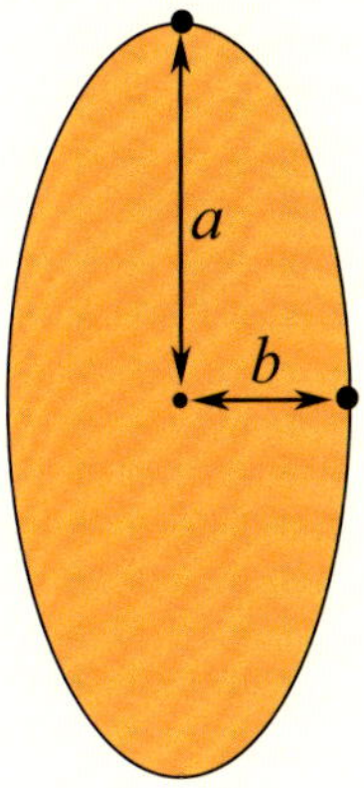

思考

a. 在分析一个动作时，除了运动频率和运动幅度以外还有没有其他构成要素?

b. 请联想出 2 个生活中有高频率运动的案例。

案例分析

松鼠

在这个案例中，当我们转动摇柄，松鼠就会高频率地低头抬头，嘴巴接触手中的坚果，仿佛是在啃食坚果。这里面，松鼠的头部与身体背部通过一个合页连接。松鼠的头可以上下翻动。托盘上连接着一根长长的立柱，立柱的另一端顶着松鼠的下巴。这里我们采用了一个三角形凸轮来影响托盘。当我们转动摇柄时，托盘就会高频率上下运动，进而带动松鼠头部高频率上下运动，实现松鼠快速啃食坚果的效果。

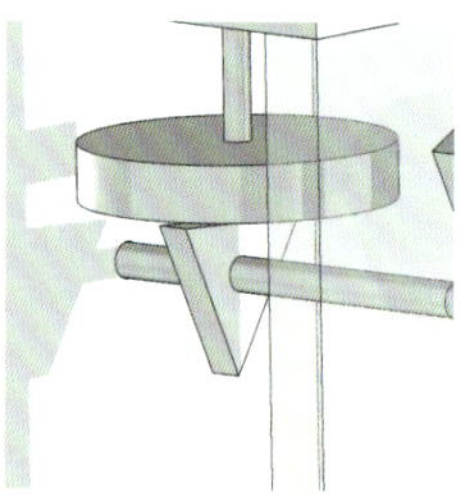

2.4 蜗形凸轮——突然运动

我们按照下面的方法，用圆规在木板上画出一个类似蜗牛壳形状的轮廓，切割出来后，在原来的圆心位置钻孔，就得到了一个特别的凸轮。因为它的形状很像蜗牛的壳，所以我给这种凸轮起名蜗形凸轮。

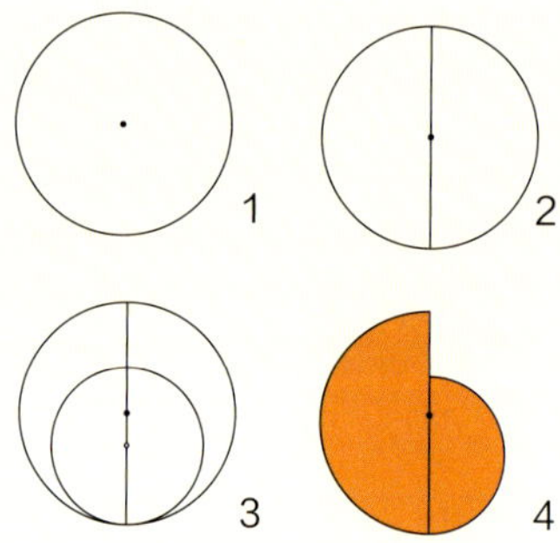

蜗形凸轮的制作方法

（1）我们把这个轮子安装到旋转轴上，移动到托盘的下方。

转动摇柄，托盘会被慢慢顶起，然后在最高点位置突然回落到最低点。

（2）我们将托盘去掉，只保留立柱。

旋转摇柄，立柱也会被慢慢顶起，在最高点位置突然落回最低点。

知识点总结

（1）蜗形凸轮控制下的表演部件，其运动轨迹，往往是前面比较平稳，然后到某一时刻，突然发生非常剧烈的运动。我习惯把这种运动效果叫作突然运动。所以，蜗形凸轮经常被运用到制作出乎意料的表演效果。

（2）摇柄旋转一周，这种突然运动就发生一次。

思考

a. 在绘制蜗形凸轮的时候，哪些因素会影响到托盘的运动幅度呢?

b. 你有没有经历过被某个突发的瞬间吓到的事情呢?

案例分析

猫捉老鼠

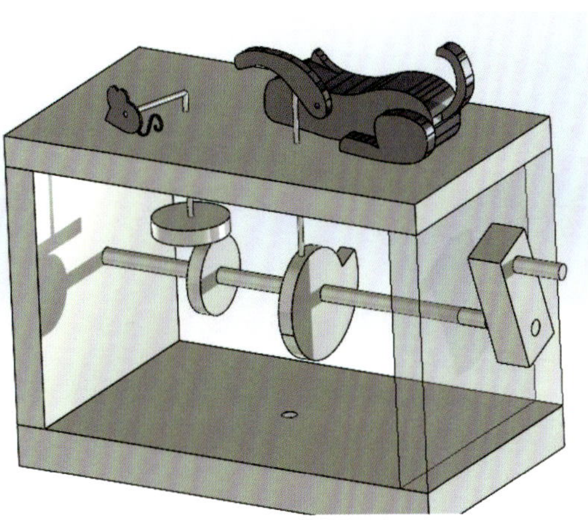

这个案例里，当我们转动摇柄时，猫咪开始慢慢抬起前伸的手臂，并停留在半空中，而老鼠则不停地在猫咪前面转圈，当老鼠经过猫咪手臂下方时，猫咪突然放下手臂去捉老鼠，但是老鼠却轻松地躲避了猫的抓捕。

这个案例采用了两个运动结构，一个是圆周运动，一个是突然运动。老鼠在猫咪前面做圆周运动，其有一个正心圆轮和托盘控制。猫咪的一只手被立柱顶起，而立柱的底部与蜗形凸轮相接触。我们在设计这个玩具的时候，可以通过调整蜗形凸轮的安装方向，来实现猫咪捉住老鼠和错过老鼠两种效果。相比于捉住老鼠，错过老鼠的设计更容易引起玩家的注意。

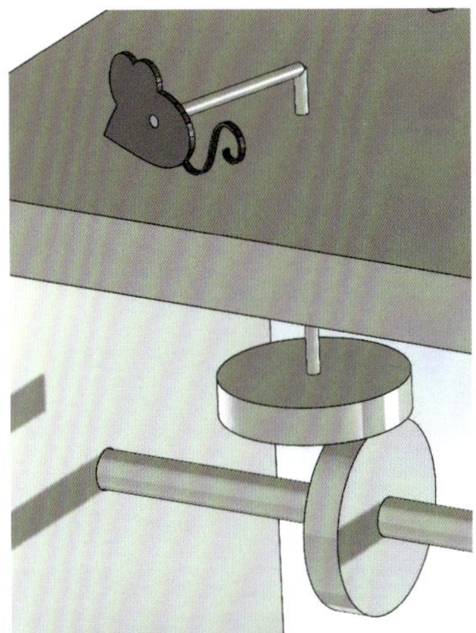

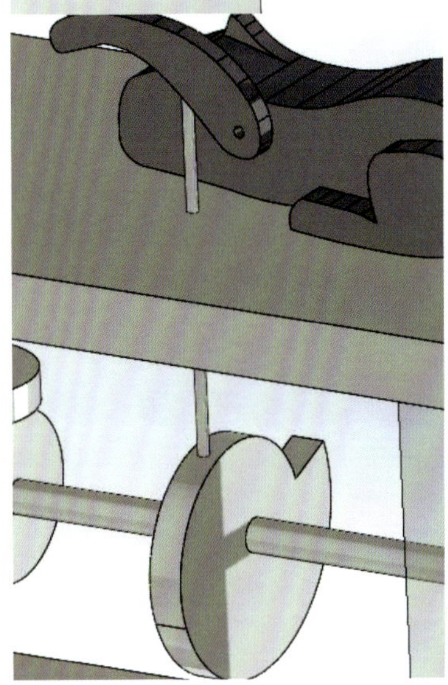

2.5 异形凸轮组——复杂多变的上下运动

这一节，我们将学习一种非常有趣且稍微有点难度的凸轮结构。学会了这种结构，你就可以让木偶做很多复杂的运动。本节内容有点多，请仔细学习哦。

2.5.1 认识异形凸轮

异形凸轮，从名称上就可以判断，它的形状区别于其他凸轮。如图。

我们可以观察到，相比前面了解的凸轮，这种轮子的轮廓曲线更加丰富，造型更加多变。思考一下，这些凹凸不平的曲线是用来做什么的呢？

曲线的意义

前面，我们通过偏心圆轮、三角形凸轮、蜗形凸轮等对托盘运动轨迹的影响，就能推断出：当凸轮凸起的部分与托盘接触时，托盘就上升；当凸轮凹陷的部分与托盘接触时，托盘就下降。总之，不论什么样的凸轮，托盘就只有两个运动：上、下。即使凸轮的凹凸曲线再丰富，也只是会影响到托盘的上下运动。

但是上下运动，其中还包含两个要素，就是运动幅度和运动频率。

运动幅度：托盘被抬到最高点与最低点的高度差，通俗讲就是动作大小。

运动频率：凸轮旋转一周，托盘上下运动的次数。

也就是说，从理论上讲，当一个凸轮上面的凹凸曲线越多的时候，托盘上下运动的频率就越快（回想一下三角凸轮和偏心圆轮对托盘的影响）。而当凸轮轮廓上的凸点和凹点之间的距离越大时，托盘上下运动的幅度就越大（同样回想一下蜗形凸轮对托盘的影响）。

简单来说，凸轮上的曲线，其实就是用来控制托盘上下运动的，再延伸一点，就是用来操控木偶动作的效果和节奏。凹凸曲线密集，说明这一部分运转时，木偶的运动频率较高；凹凸曲线的落差大，说明这一部分运转时，木偶的运动幅度较大。参考如图示例。

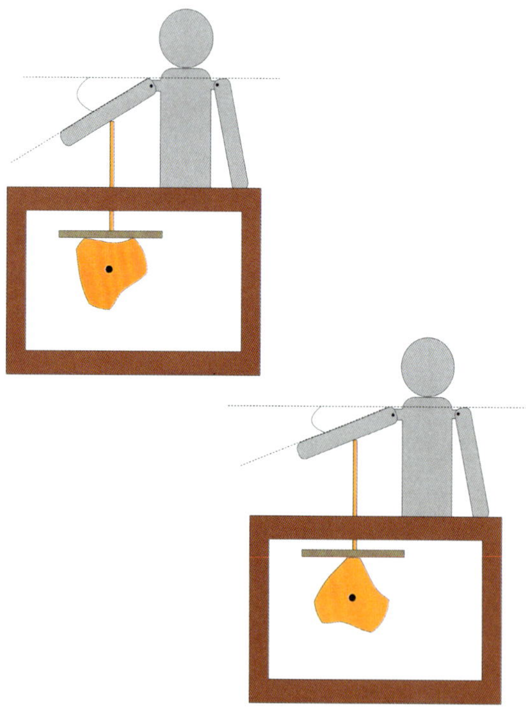

在这个案例中，我们通过一个异形凸轮来控制托盘立柱的上下运动，立柱抵住人的手臂，所以凸轮就可以控制手臂抬起和落下的动作幅度和频率。

如何利用曲线？

在凸轮轮廓上，每一个凸起和凹陷其实都是一个信息点，这个信息包含与凸轮相接触零件的上下运动频率和幅度。在前面的结构案例中，这个零件就是托盘，它将曲线的信息读取出来，并传导给表演部件。但是，托盘并不能读取所有的凸轮。对于像偏心圆轮、椭圆凸轮、三角形凸轮等这种曲线变化不丰富、曲线角度较大的轮子，托盘可以清晰地读取信息，但对于曲线更丰富、凹凸幅度更小的凸轮，托盘接收信息就不那么准确了。

为了理解上面的这段话，这里我做一个比喻，如图。

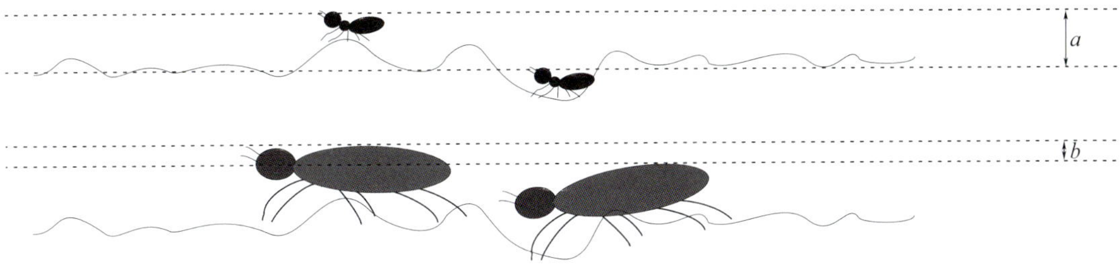

一只蚂蚁在一块凹凸不平的地面直行，蚂蚁遇到凸起就要爬上去，蚂蚁遇到洼地就要滑下去。这一路，蚂蚁充分感受到了每一毫米地形的变化，其身体上下运动的频率和幅度体现得非常明显。

我们将蚂蚁换成一只大甲壳虫，沿同样的路线爬行，我们会发现同样的洼地，甲壳虫不用触底就能平稳地爬过去了，而有些小的凸起，甲壳虫也不用攀爬，就迈过去了。整条路走下来，甲壳虫的上下运动幅度、频率明显小于蚂蚁。

图中，a 代表蚂蚁爬行的最大幅度；b 代表甲壳虫爬行的最大幅度。我们可以观察到 a 明显大于 b，也就是说更小的身体对同一段路的感知更明显。甲壳虫就相当于前面介绍的托盘，它体积大，底盘平整，读取曲线的精度有限。蚂蚁相当于另一种读取信息更精确的零件，这种零件的一个显著特点，就是与曲线接触部分的体积非常小。那这是什么零件呢？我给它命名为传导杆。

2.5.2 传导杆

传导杆，顾名思义，就是将信息从一端传导到另一端的杆子。如图中蓝色的部分。

我们看传导杆的设计构造。其一端有孔，可以固定在框架上，并能够实现上下摆动。另一端也有孔，用来绑定线或者连杆，来控制木偶的活动关节。而传导杆与凸轮接触的部位，是一个体积较小的凸起。这个凸起可以做成多种样式，通过不同的样式，来读取不同精度的曲线信息。

如图。

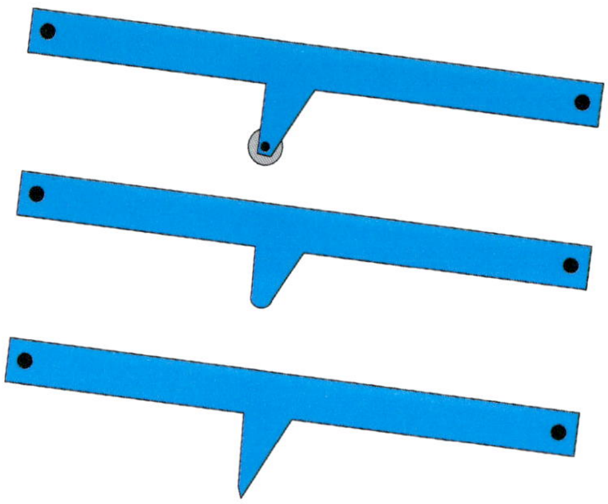

A

A图中所展示的传导杆，凸起部分的状态分别是带轮子、圆弧状、尖角状。这三种对于简单凸轮和复杂曲线的凸轮都有很好的读取性，其中带轮子的可以减小传导杆与凸轮边缘的摩擦阻力。尖角状的可以读取更为复杂，微小的曲线信息。这种传导杆的位置一般处于凸轮的垂直面。

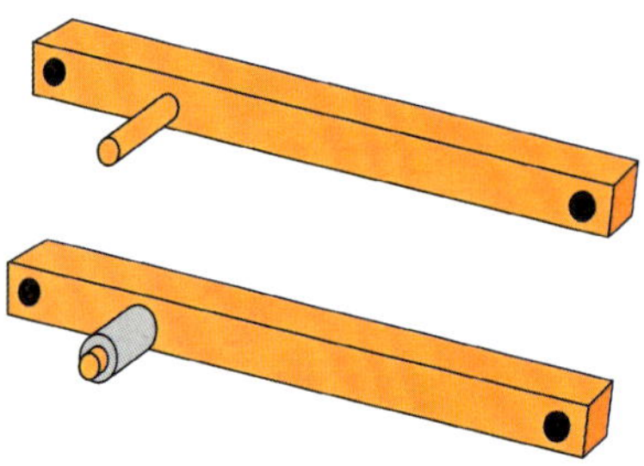

B

B图中展示的传导杆，其性能与A图一样，可以读取简单至复杂的曲线，只是其位置处于凸轮的侧面。传导杆上的横轴与凸轮的边缘相接触，横轴上加上轮子，可以减小传导杆与凸轮边缘的摩擦力。

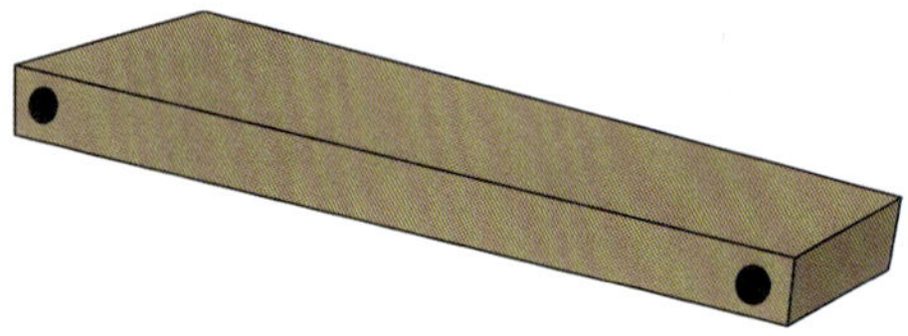

C

C图中展示的传导杆，其读取范围仅限于曲线造型相对简单的凸轮，如偏心圆轮、椭圆轮、三角轮等，其位置处于凸轮所在的垂直面上。

2.5.3 异形凸轮组

我将传导杆与异形凸轮配合从而实现某种运动的结构叫作**异形凸轮组**。异形凸轮组在使用过程中，需要注意以下两点：

第一是传导杆的安装位置，最常见的有两种，一种是在凸轮上方，一种是在下方。

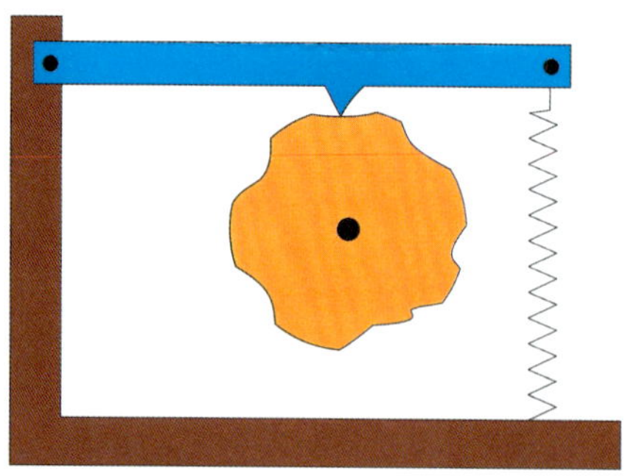

当安装在上面时，正常情况下，传导杆依靠自身重力与凸轮边缘相接触。如果传导杆重力不够，还需要从传导杆上连接一个向

下拉的弹簧，保证传导杆时刻与凸轮相接触，避免出现漏读信息的情况。

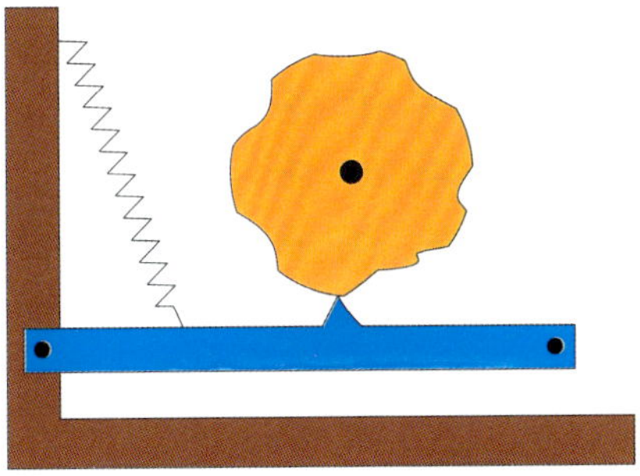

当安装在下面时，往往也要通过一根上拉的弹簧，将传导杆与凸轮紧密接触。

传导杆具体安装的位置，弹簧力度的大小，要根据实际空间和实际需要，灵活设计。

第二需要注意的是，考虑到木头这种材质的机械强度不是很高，我们在使用异形凸轮组的时候，木偶部分给传导杆施加的压力一定不能太大，否则就会导致传导杆与凸轮间摩擦阻力增大，凸轮运转困难，同时也容易造成凸轮和传导杆的损坏。

2.5.4 异形凸轮的设计

了解了凸轮外缘曲线的意义后，我们来学习一下如何制作这种曲线。这里我们以木偶点头的设计为学习案例。

我想让木偶进行快速连续地点头 3 次，并且动作幅度很小，之后再加 1 次缓慢的点头，动作幅度很大，一共 4 个动作。如何实现呢？

（1）我们需要先制作一个正心圆轮，临时放到旋转轴上。

（2）我们制作一根传导杆和这个正心圆轮相接触，传导杆另一端控制着木偶的头部。

（3）我们发现，当传导杆下落的时候，人偶进

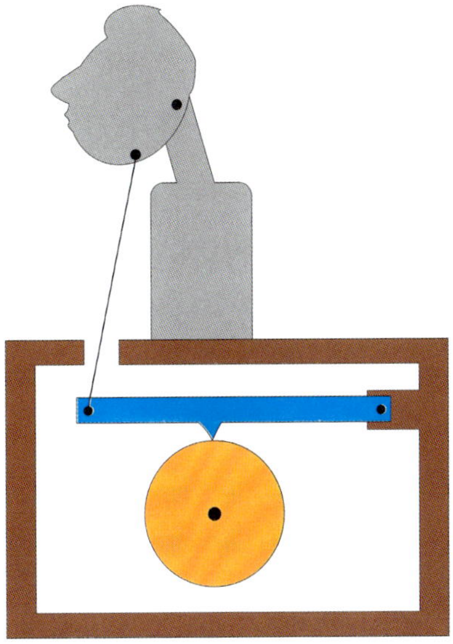

行低头动作，传导杆上抬的时候，人偶进行抬头动作。

（4）根据上一步，我们明确了，正心圆轮轮廓上，如果出现凹槽，会导致传导杆下落，人偶就会低头，当传导杆抬起，人偶就会抬头。3 次连续的点头就是 3 个连接的凹槽，一次缓慢的点头就是一个跨度更大的凹槽，抬头的部分，就是圆的外轮廓。然后我们在轮子侧面画出第一个草图。

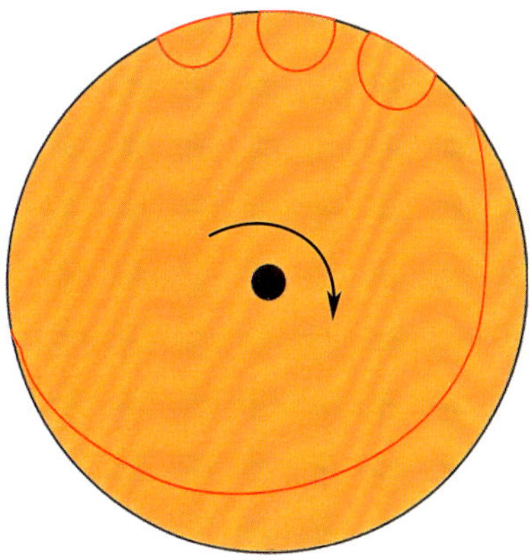

（5）做到了这一步，我们还只是确定了人偶低头的动作频率，但是运动幅度没有确定。接下来，我们将正心圆轮移动到传导杆侧方，然

后下压传导杆，直到人头达到我们要求低头的最低点。此时在传导杆凸起对应的正心圆轮位置做个标记。然后，我们再稍微抬起一点传导杆，让人头达到我们要求的轻轻点头的最低点，同样做标记。

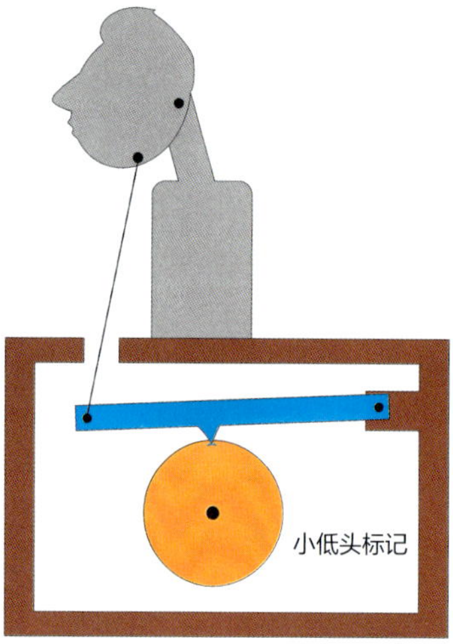

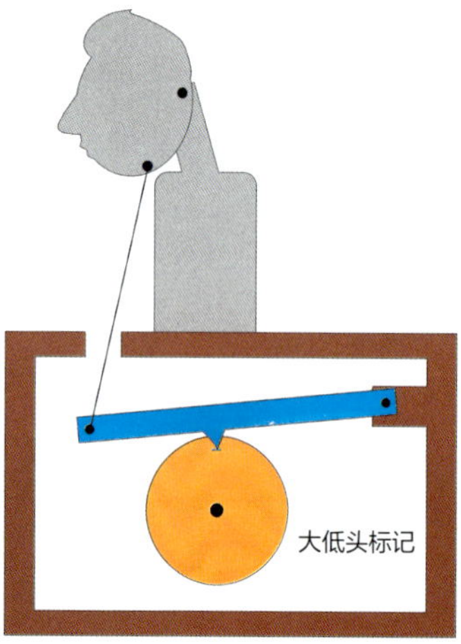

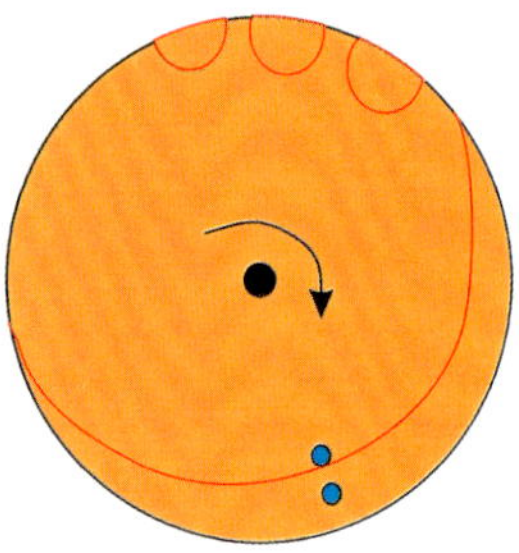

（6）我们将正心圆轮取下来，然后以钻孔为圆心，分别画2个圆，每个圆都通过一个标记点。这里，最里侧的圆就是控制最大点头的凹陷底点，而中间的圈则是控制3次微点头的凹陷底点。

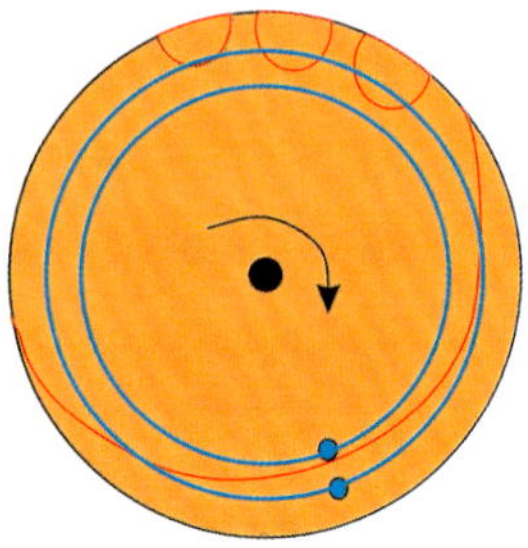

（7）然后我们根据上面的数据重新绘制这个异形凸轮的轮廓。

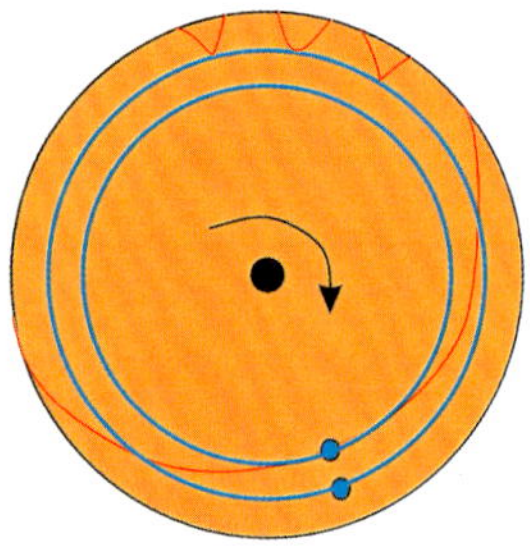

（8）用拉花锯将红色图形之外的部分切割掉。这样我们就得到了一个可以实现要求的异形凸轮了。

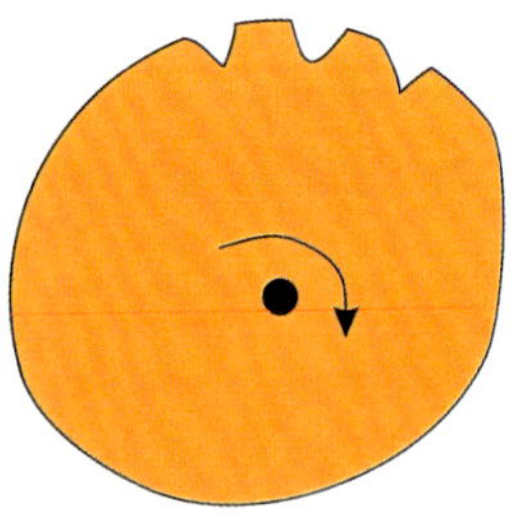

注意：异形凸轮曲线设计时，要观察凸轮旋转的方向，根据这个方向，确定传导杆凸起被抬起来的曲线部分，这部分在绘制的时候，要尽量实现弧线，以方便传导杆可以从凹槽中出来。如图。

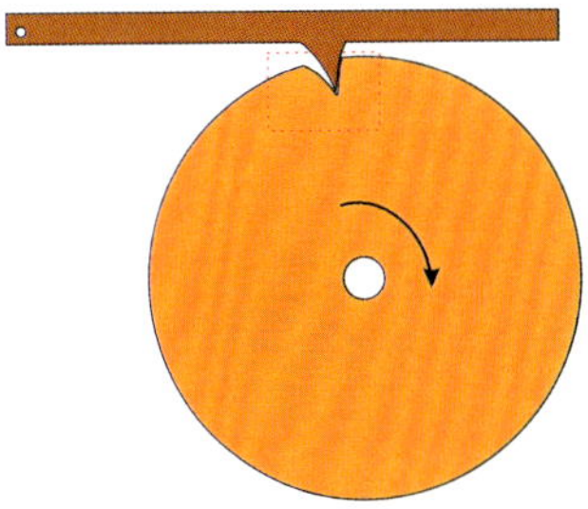

以上只是一个简单的异形凸轮粗略的制作方法，更详细的内容，考虑到文章篇幅和理解难度问题，就不在初级阶段介绍了。

知识点总结

（1）异形凸轮组可以实现木偶更复杂的运动控制，包括关节的运动频率和幅度。
（2）要根据凸轮曲线的复杂程度，框架里面的空间情况，来匹配合适的传导杆。
（3）传导杆不能承接太大的压力，否则会导致凸轮组运行卡顿甚至损坏。

思考

a. 如果凸轮上的信息太多，在转动摇柄的时候，还需要注意哪个因素，才能将信息准确、自然地传递出来呢？
b. 在生活中找一个动物，选取它的某个身体部位，比如尾巴，设计出3个动作一样，但运动幅度和频率不同的方案，然后画出对应的异形轮廓图。

2.6 半圆凸轮组——等角度旋转运动

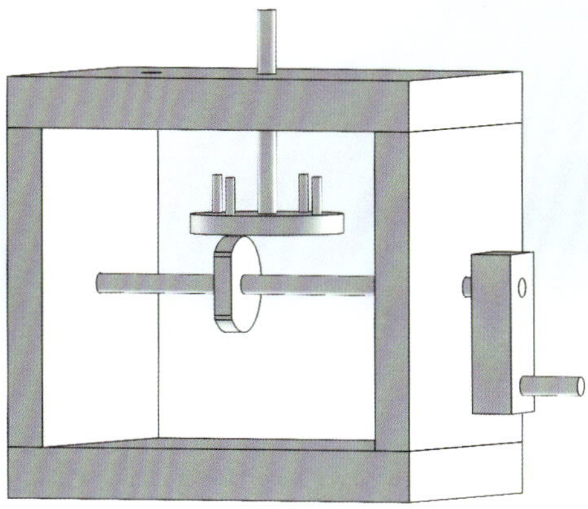

为了更好地理解这个结构，我们先看一下它的制作过程，这里我们做了一个简单凸轮组。

（1）我们将一个正心圆轮，切掉一小部分，然后安装到旋转轴上。

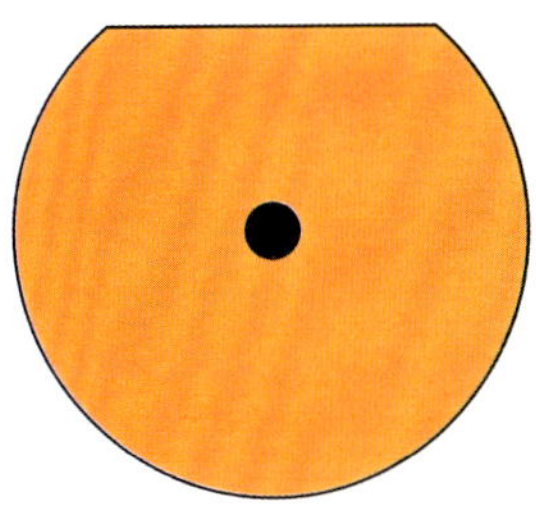

第二章

（2）我们制作一个圆形的托盘，然后以圆心为中心，在内侧画一个圆。再画出 2 条穿过圆心，并交叉成 90° 的直线。

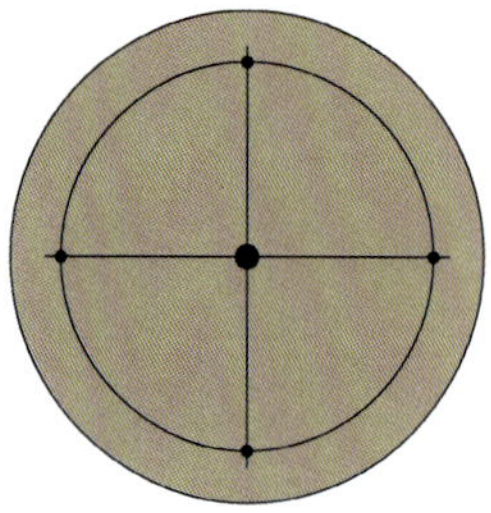

（3）在直线与内圆交叉的 4 个点位置，钻孔安装上 4 根长度一样的短棒。

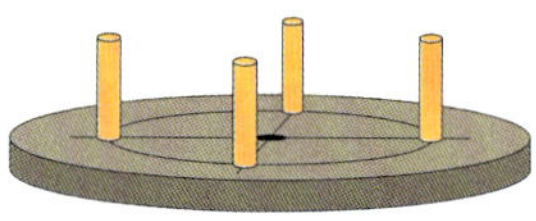

（4）将托盘安装回立柱上，然后将凸轮削切的部分与托盘相接触。

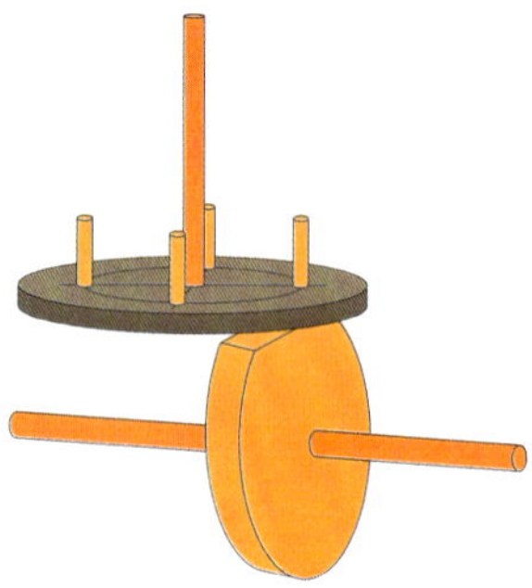

（5）找来一块薄点的木片，粘到附近的框架上。木片置于短棒上方 2mm 左右的位置。

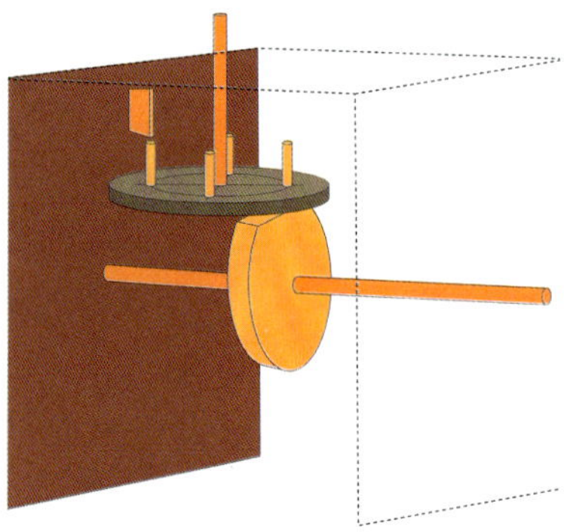

（6）转动摇柄，我们会发现，托盘每旋转 90° 就会停一次。每次托盘接触凸轮平切处就会下沉，托盘上的短棒就会低于木片挡板，当托盘再次抬起，短棒已经穿过木片的位置继续向前做旋转，直到后面的木棒再次被挡板挡住，托盘停止转动。摇柄旋转 4 次后，托盘旋转 1 圈。

知识点总结

（1）这种半圆凸轮组，可以产生固定角度旋转的效果。而这个角度可以随意设计的，可以 180 ° 、120 ° 、90° 、60° 等。

（2）托盘是依靠凸轮提供的摩擦力进行旋转，而凸轮圆弧的长度，影响了摩擦力的持续时间。圆弧越长，托盘旋转的路径越长。

（3）在制作这个结构时，托盘上的短棒不宜过粗，越细越好，而阻挡短棒旋转的木片，不宜过厚，越薄越好。当然，你也可以用一根横向的铁丝来替换木片。

（4）使用这种结构，旋转轴的转速不宜过快，过快可能导致旋转卡顿。

思考

a. 凸轮和托盘接触过程中，都有哪些因素会影响到摩擦力？

b. 尝试用等角度的旋转运动，联想一个表演场景。

案例分析

旋转的娃娃头

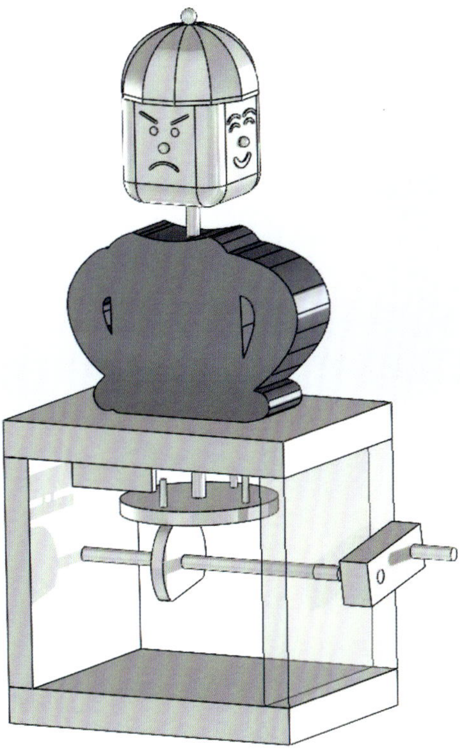

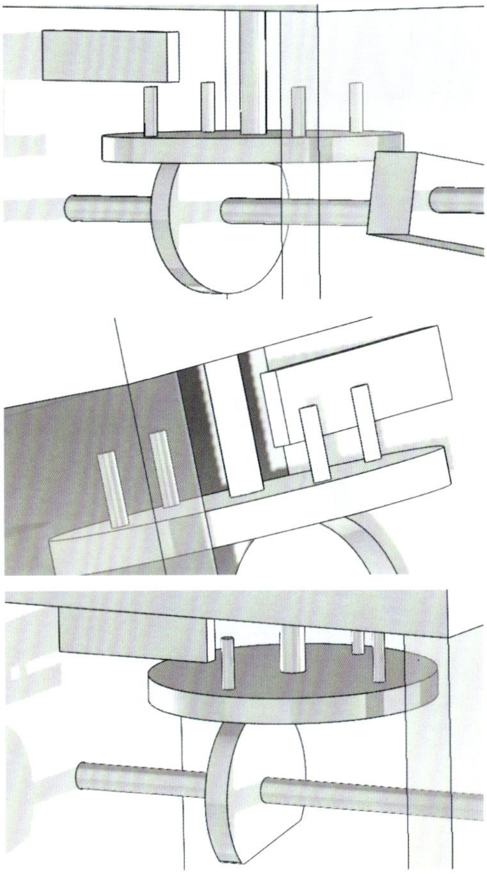

在本案例中，娃娃的头部有 4 个面孔，分别对应前后左右 4 个方向。头部与底部的托盘相连接。当我们转动摇柄，娃娃的头就会每隔一段时间旋转 90° ，每一次旋转，就更换一个表情，一共旋转 4 次，更换 4 次表情。

2.7 曲轴、曲柄——往复运动动力提供机构

什么是往复运动？简单说就是反复进行同一个运动，比如反复的上下运动、左右摆动、圆弧运动，直线运动等。

曲轴就是为这些运动提供源源不断的动力机构。

曲轴长什么样子？分为两种，我们来分别学习一下。

2.7.1 曲轴

如图，在这个模型中，旋转轴中间的这个结构，有点像汉字的“几”字，所以我习惯称呼它为“几字形曲轴”。曲轴的应用，必须与连杆或者摇杆配合才能产生作用。

这里我们需要认识两个新零件：连杆和摇杆。简单理解就是，连杆是两端都有孔的杆子，两个孔套在两个轴上，杆的两端关节都可以活动。连杆主要起到力的推拉传递作用。而摇杆是只有一端有孔的杆子，这个孔套在一个轴上面，可以实现摇杆的左右或者上下运动，而摇杆的另一端则固定在某个物体上，起到带动某物体一起运动的作用。我们前面学到的传导杆就是摇杆的一种。

在这节内容展示的模型图中，几字形曲轴中间零件就是一个摇杆。

接下来我们通过一张分解图，更加直观地了解曲轴和摇杆构成的组合。

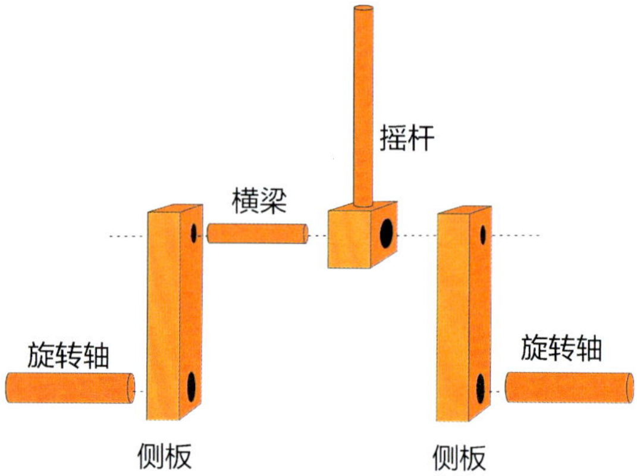

如图所示，曲轴是安装在旋转轴上的机构，其由两个侧板和一根横梁组成。横梁穿过一根摇杆。当曲轴进行转动时，摇杆就会跟随横梁进行运动。我把曲轴与摇杆或者连杆构成的组合叫作曲轴组。在实际应用中，曲轴、摇杆的组合，与曲轴、连杆的组合会存在很大的差异。下面来详细介绍。

曲轴摇杆组合的应用

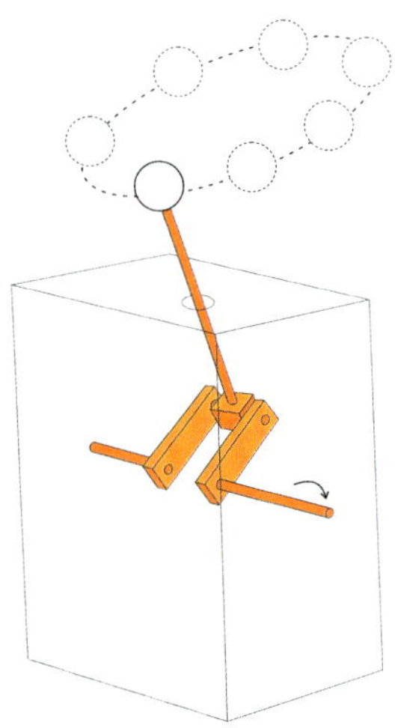

如图，我们将一个曲轴摇柄组安装在一个框架中，并在顶板开一个孔，让摇杆穿过孔洞，摇杆顶端安装一个小球（这个小球就代指木偶）。然后我们转动曲轴，就会发现，小球的运动轨迹为一个椭圆形。小球的运动，看上去有点像前后运动与上下运动的结合。在实际的创作中，我们经常会用这个结构制作与飞翔或者游泳相关的主题。

案例分析

飞翔的鸟

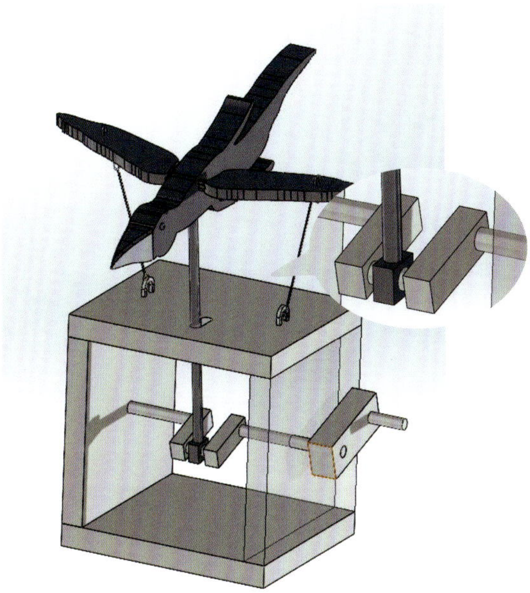

在这个案例中，当我们转动摇柄，鸟就会上下前后运动，同时双翅上下张合，仿佛在空中飞翔。鸟的翅膀通过合页与身体关联，同时被两根连杆限定在顶板上。鸟的身体与一个曲轴组的摇杆末端固定在一起，当顺时针转动摇柄时，鸟的身体会自后向前地循环运动，同时伴随上下起伏的动作，而翅膀因为身体的上下起伏而被动地进行张合。所有动作合在一起，就仿佛是鸟在奋力飞翔。

曲轴连杆组合的应用

我们将摇杆变成了连杆，连杆的另一端与一个可活动的零件A关联。当我们转动曲轴时，发现曲轴会带动连杆进行一个往复的推拉运动，而这个推拉运动又带动零件A进行其他运动，比如左右摇摆。

案例分析

公鸡

在本案例中，当我们转动摇柄，公鸡头部就会不停地抬起落下，仿佛在吃地上的虫子。

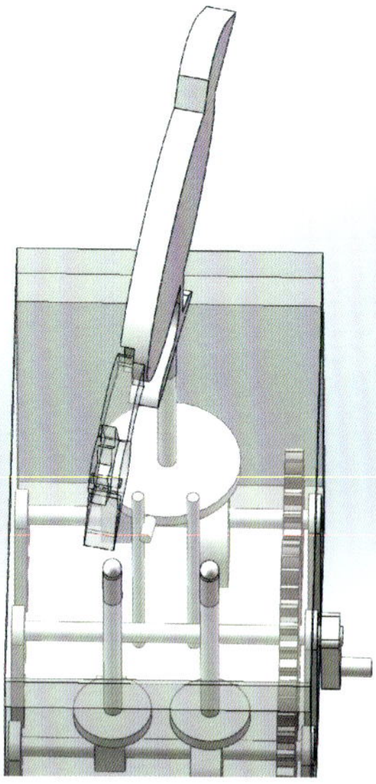

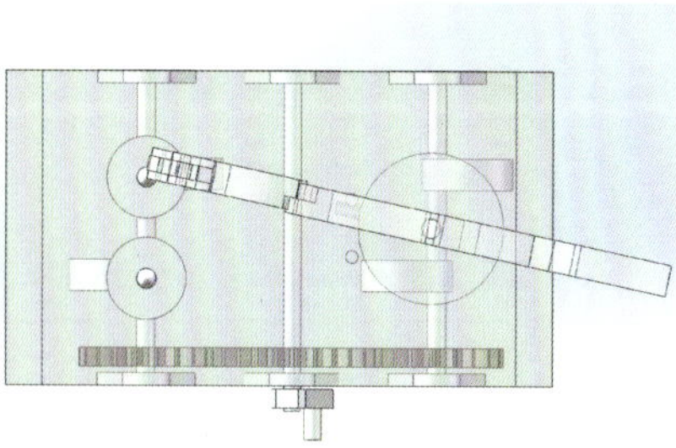

这里，公鸡的身体固定在顶板上，公鸡的颈部头部是一体的，并与身体关联，可以上下摆动。一根虫子形状的连杆将公鸡的嘴巴与曲轴相连。当转动摇柄时，虫子（连杆）将公鸡的头部顶起，然后又回落，仿佛是公鸡在地上捉虫子。

知识点总结

（1）曲轴的安装位置在旋转轴的中间范围。

（2）曲轴与摇杆配合时，给摇杆增加一个限制孔或者环，可以让摇杆末端产生一个椭圆形轨迹的运动。

（3）曲轴与连杆配合时，可以为连杆提供往复的推拉运动。

知识点延伸

因为曲轴的安装需要将旋转轴分为两段，这样的结果就是木质曲轴不能承受太大的压力，否则曲轴容易损坏。那在需要承受更大的压力下，有没有可替代的结构呢？有的，这里我们可以借助偏心圆加一个限制环来实现，如图。

在这个替换方案里，旋转轴是完整的。偏心圆轮被一个限制环包围，当偏心圆轮转动时，就会带动限制环前后运动，从而实现与曲轴一样的效果。这个结构在实际的使用过程中，需要在限制环两侧各安装一个小挡板，防止凸轮在旋转过程中跳出限制范围。

思考

a. 曲轴上的哪些因素会影响到连杆、摇杆的运动幅度呢？

b. 在曲轴与摇杆的组合中，限制孔的位置对摇杆末端零件的运动幅度有什么样的影响？

c. 在身边找找，有哪些往复运动的设计？看看这种往复运动的结构设计，能不能与曲轴组结合。

案例分析

游泳的鱼

在这个案例里当我们转动摇柄时，大鱼开始左右上下同时起伏去追逐前面的小鱼。

这里，大鱼身体被分成了3部分，并通过合页关联在一起。3个不同角度的曲轴组合在一起，操控着鱼的头部、身体、尾巴。当转动摇杆时，鱼会进行上下左右的起伏晃动，仿佛在游泳一般。

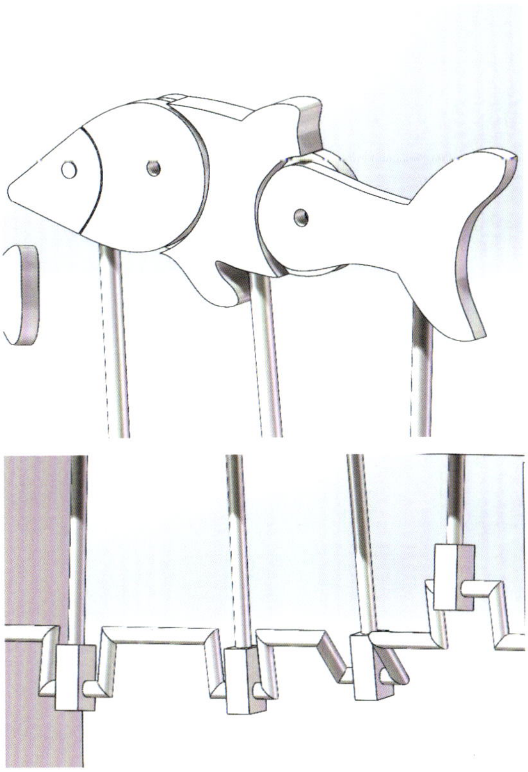

2.7.2 曲柄

最常见的曲柄，就是我们常用的摇柄了。

曲柄和曲轴的功能是一样的，但是曲柄是适合安装到旋转轴的末端，而曲轴是轴中间。曲柄的应用同样需要和连杆、摇杆相配合，构成曲柄组，其对连杆、摇杆的影响依旧是提供往复推拉的运动。在使用曲柄组的时候，我们还需要给曲柄横梁的末端安装一个固定环，防止连杆或者摇杆在运动过程中脱落。

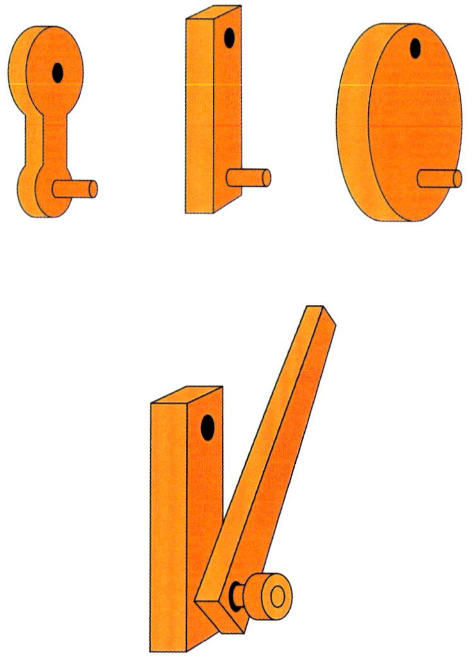

知识点总结

曲柄安装到旋转轴末端时，旋转轴凸出曲柄的部分不应过长，否则容易影响连杆、摇杆的运动。

思考

a. 曲柄的哪个设计会影响到连杆、摇杆的运动幅度呢？

b. 观察一下生活中，还有哪些产品上有曲柄的设计。

案例分析

划船的人

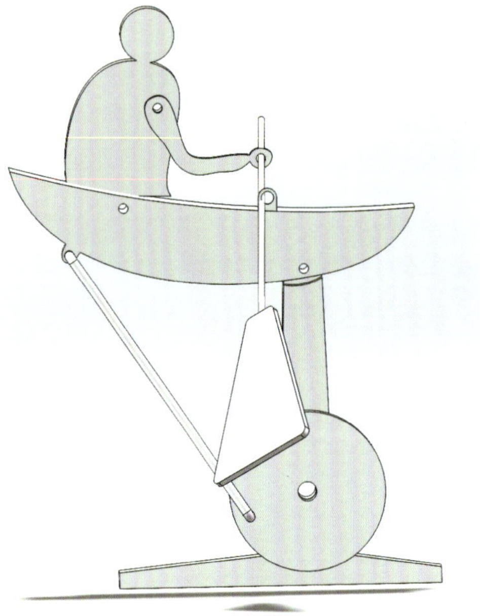

在这个案例中，当我们转动摇柄时，小船前后起伏，而船上的人因为平衡被打破也会进行前后运动，人手中的船桨受船限位孔的制约，被前后运动的人手影响，进行前后划桨的动作，看上去像是一个人在划船。

我们看到一个人在手持船桨，人的身体与船体相连并且可以实现前后摆动，手臂与身体相连并且可以上下摆动，船桨与手相连可以在手的空隙里旋转，船体与一个支架关联并且可以上下摆动，最后我们采用了一个曲柄和连杆结构与船的尾部相连。当转动摇柄时，连杆会给船尾提供一个往复的上推下拉的力，船发生了倾斜，导致人体失去平衡，完成前倾后仰的动作，进而带动手臂船桨摆动，好像人在一个波浪中划船。

2.8 平面齿轮组——力的传输、方向的更改转换、速度的调节

我们找来 2 个相同的平面齿轮，将他们以相互咬合的状态固定在一个木板上，构建一个齿轮组。

（1）当我们转动其中一个齿轮时，另一个齿轮也跟着转动。但是两者旋转方向是相反的。我们在每个齿轮上做一个标记，再转动其中一个齿轮，我们发现左边齿轮旋转一周，右边的齿轮也旋转了一周。

（2）我们再找来第三个一样的齿轮，与前面任意一个齿轮咬合，然后固定住。转动其中一个齿轮，我们发现相邻的两个齿轮运动相反，间隔的两个齿轮运动方向相同。

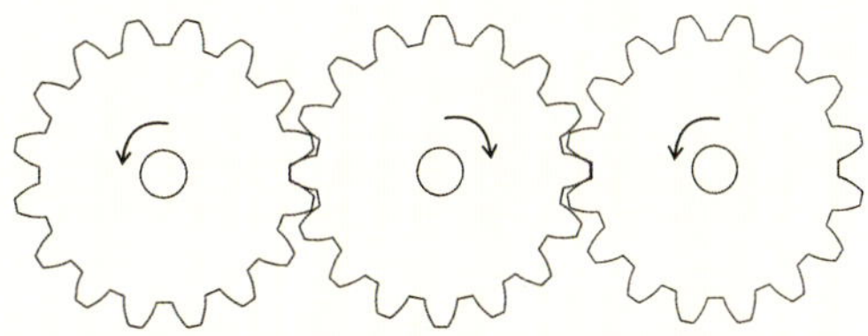

（3）我们找来一个 20 齿的齿轮，一个 10 齿的齿轮，相互咬合状态下固定在一个木板上。转动大齿轮 1 周，我们发现小齿轮旋转了 2 周。反过来，转动小齿轮 1 周，大齿轮旋转了 0.5 周。

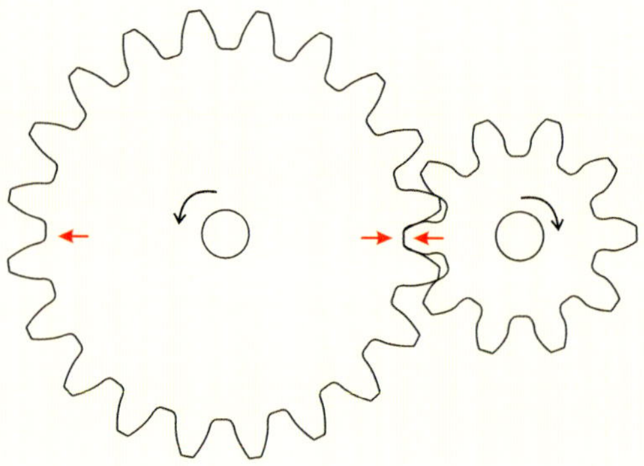

（4）我们将两个齿比较长且相同的齿轮以90°的状态咬合在一起，转动其中一个齿轮时，另一个也在转动。

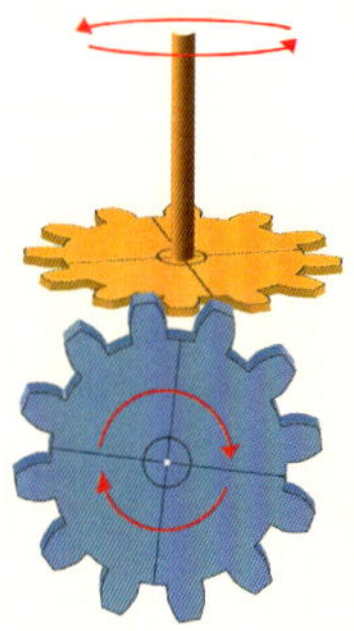

垂直齿轮组

知识点总结

（1）齿轮组可以实现力从一个齿轮传给另一个齿轮，更确切地说是从一个旋转轴到另一个旋转轴。这两个旋转轴可以是平行关系，也可以是垂直关系。力的传导是齿轮组的主要功能。

（2）相邻的两个齿轮旋转方向相反，间隔的两个齿轮旋转方向相同。

（3）相同齿数的齿轮组可以实现同速旋转。

当大齿轮带动小齿轮时，小齿轮的转速加快，构成加速齿轮组。

当小齿轮带动大齿轮时，大齿轮的转速减慢，构成减速齿轮组。

（4）齿轮组最终提供的还是圆周运动。

（5）齿轮组适合力的近距离精准传导。

（6）想采用木质齿轮来实现力的90°转折传导，尽量将齿轮的齿设计得长一些，齿间隙大一些。

思考

a. 观察一下，要保证2个齿轮可以实现相互咬合、稳定传动，需要确保什么一致呢？

b. 找一下，生活中哪些工具都使用了齿轮结构。

案例分析

公鸡与虫子

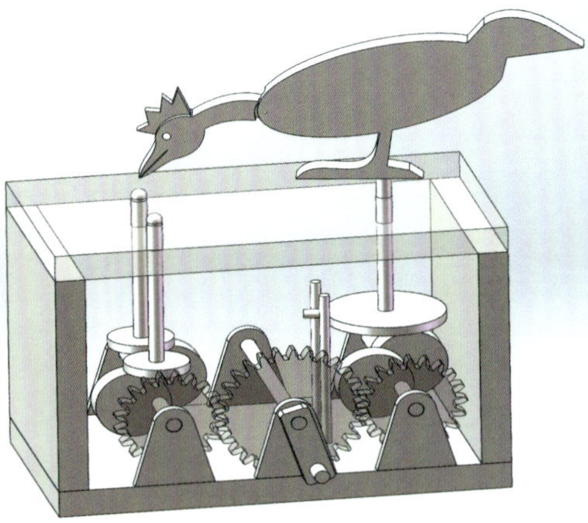

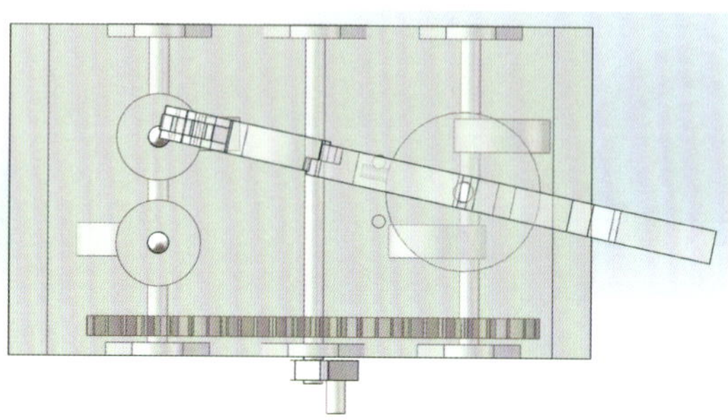

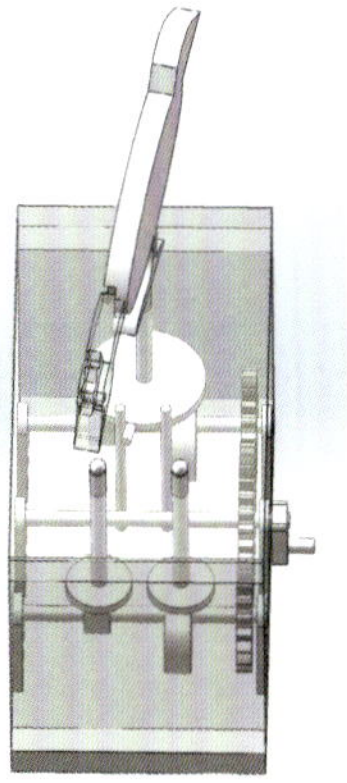

在这个案例中，当我们转动摇柄时，公鸡开始以脚底为旋转中心，左右旋转，头看着前面 2 个洞。当公鸡看向一个洞时，里面的虫子缩回洞里，而另一个洞的虫子伸出洞口。

这里，两个虫子分别由两个偏心圆凸轮组控制，上下交替起伏。公鸡被 2 个偏心圆与托盘构成的凸轮组控制，可以左右摆动。因为虫子和公鸡处于 2 条旋转轴上，所以，这里通过 3 个相同的齿轮将 2 根旋转轴关联到一起。当转动摇柄，公鸡开始左右摆动观察虫子，它看向哪个虫子时，那边的虫子就会下沉躲藏，而另一端的虫子就会上抬，非常有趣味。这个案例是由已故的日本 Automata 艺术家西田名夫先生设计的。

2.9 钉轮组、锥型齿轮组——让力的传输方向转90° 弯

前面我们介绍了平面齿轮组的知识点，现在我们来认识两种新造型的齿轮——钉轮和锥形齿轮（也叫伞状齿轮）。

这种带有立柱的轮子可叫作冠状齿轮、梢钉齿轮，但我习惯称之为钉轮。它的钉齿是安装到一个圆木片上。

两个钉轮相互配合，可以实现力的 90° 转弯传输。

锥形齿轮和钉轮的功能和使用方法一样的，但钉轮适合手工制作，锥形齿轮加工难度大，更适合购买成品。

知识点总结

（1）钉轮、锥形齿轮可以实现力的 90° 转弯传输（实际操作的情况下，钉轮可以满足 80° ~100° 的力传输）。

（2）钉轮、锥形齿轮和平面齿轮一样，相邻两个齿轮旋转方向相反，不同齿数的齿轮，可以设计成加速和减速结构。

（3）钉轮适合手工制作，锥形齿轮手工制作难度大，适合直接购买成品。

思考

a. 观察一下，当两个钉轮相互咬合时，他们各自的旋转轴成什么关系呢？
b. 联想一下，用钉轮组设计一个小场景。

案例分析

直升机

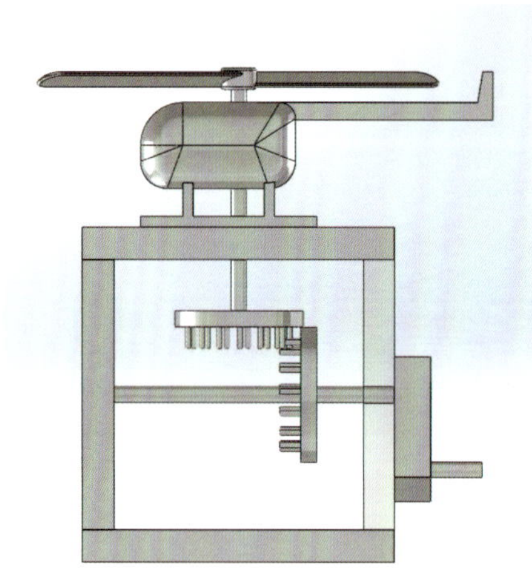

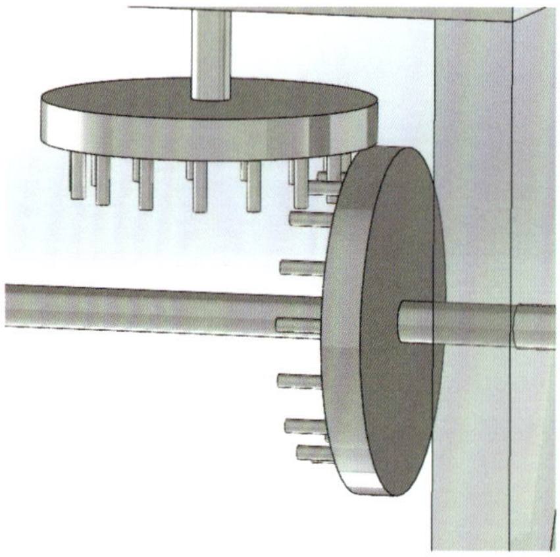

这是一个非常简单的小案例。直升机的机翼与下方的钉齿轮组相连接。当转动摇柄时，机翼会快速旋转。

2.10 皮带轮组——力的传输，方向的转换，速度的调节

皮带轮组由两个轮廓带有凹槽的圆形轮子与一根环形皮带组成，如图。

皮带轮组的作用和齿轮组是一样的，都是实现力从一个旋转轴传递到另一个旋转轴，这个过程也会涉及旋转速度和方向的问题。

皮带的安装有两种方式，可以实现轮子旋转方向的同向或反向控制。

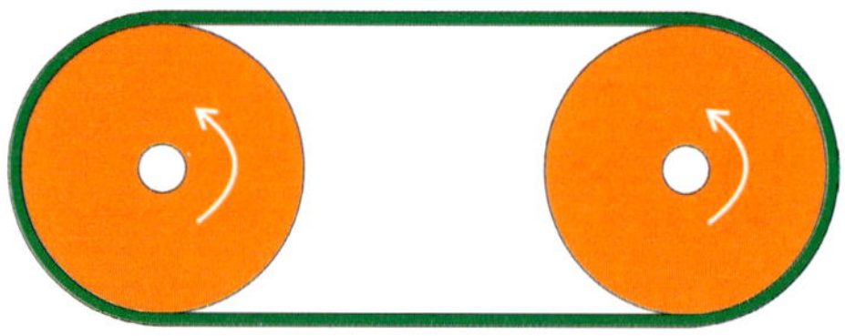

知识点总结

（1）大皮带轮带动小皮带轮，可以实现小皮带轮加速旋转。

（2）小皮带轮带动大皮带轮，可以实现大皮带轮减速旋转。

（3）皮带有非交叉和交叉安装两种方式，可以实现两个皮带轮同向或反向旋转。

（4）在Automata创作中，皮带轮组适合长远距离，精度要求不高的力的传导。

思考

为什么光滑的皮带会带动两个轮子一起旋转？

案例分析

玩玩具的人

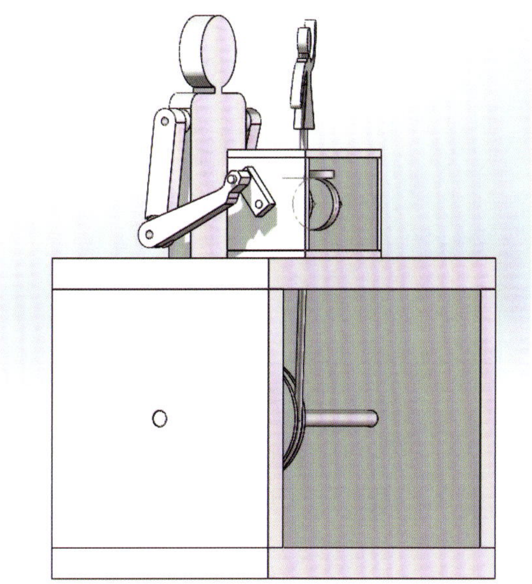

在这个案例里面，当我们转动摇柄，桌面上的大人偶开始转动小摇柄，来操控一台小的Automata人偶进行转圈跳舞。

这里，大人偶在转动一个小型的Automata玩具，而小Automata的旋转轴与下面主旋转通过一对皮带轮组相连接。当我们转动主摇杆时，皮带就会带动小Automata旋转轴运动，小Automata上的小舞蹈人偶就会旋转，而大人偶的右手则会被摇杆带动，远看这个作品，好像是大人偶自己在玩小Automata。

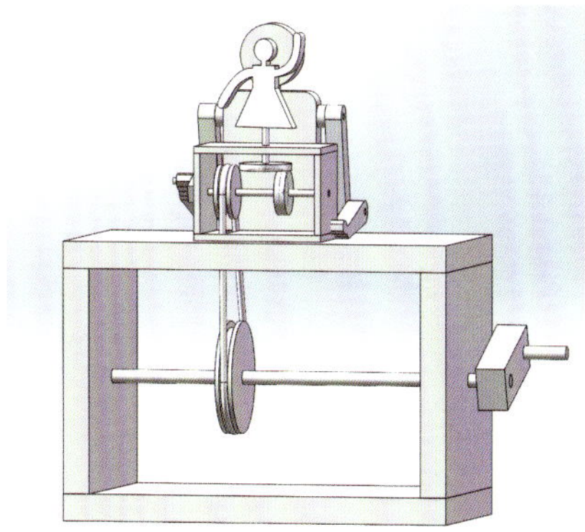

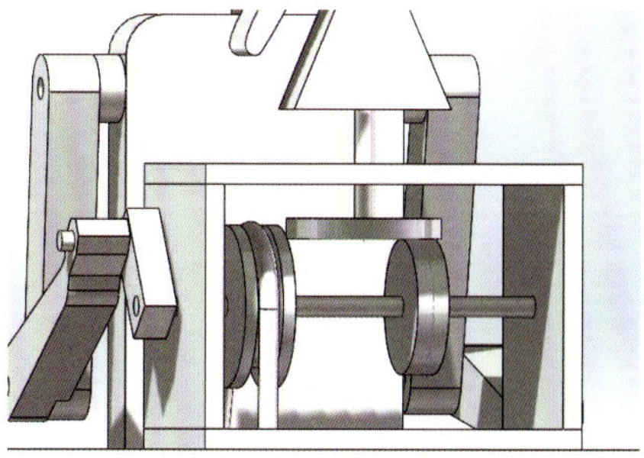

2.11 蜗轮蜗杆组——实现减速

前面我们学到了齿轮组可以实现减速的效果。如果我想让其中的一个齿轮转得非常慢，就需要让两个齿轮的齿数差变大。但是这也会带来另一个问题，就是齿轮的体积会非常的大，占用的空间也越来越多。在 Automata 设计中，空间是有限的，尤其是制作小型的 Automata。这种情况下，为了满足要求，我们就需要一种空间占用小，减速效果好的结构——蜗轮蜗杆组。

如图，蜗轮蜗杆组是由一个平面齿轮（蜗轮）和一个柱状的螺旋轮（蜗杆）组合，当蜗杆进行旋转的时候，会带动蜗轮缓慢旋转。如果蜗轮有 10 齿，那么蜗杆旋转 10 次，蜗轮才能转完 1 圈，减速效果为输入速度的 1/10。

知识点总结

（1）蜗轮蜗杆组合占用空间小，可以实现更高效的减速效果。

（2）蜗轮有 N 个齿，减速速度就是输入速度的 $1/N$。

（3）蜗轮蜗杆因为可以实现更高效的减速效果，所以经常用在表演时长较长的 Automata 装置里面。

思考

蜗轮蜗杆组使用时，控制两个轮的旋转轴在空间上是什么关系？

案例分析

散步的老人

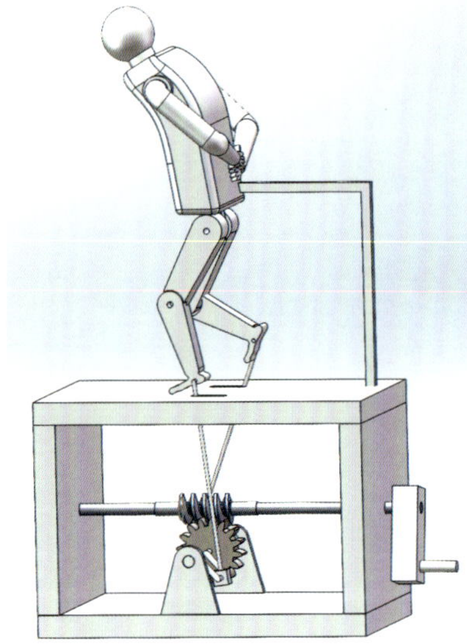

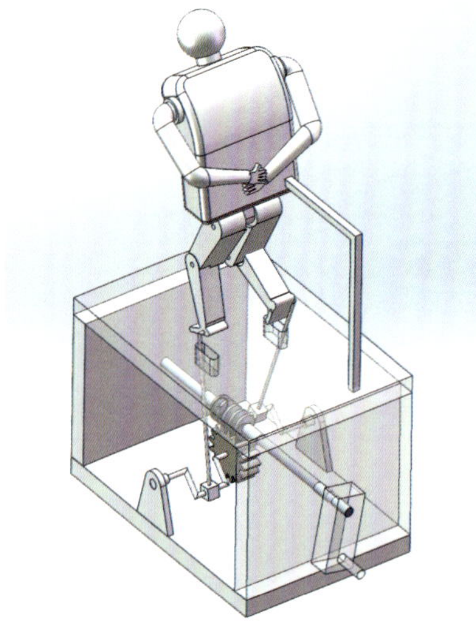

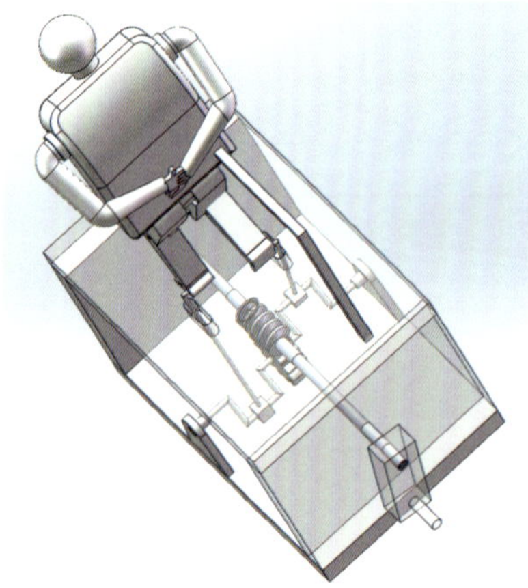

这个案例，当我们转动摇柄时，一个驼背的老人，双手背后相连，两脚开始缓慢交替前行。

这里主要采用了一对曲轴连杆组和一对蜗轮蜗杆组。两个曲轴与蜗轮同出一个轴上。两根连杆分别关联在老人的两只脚上，另一端关联两个曲轴的横梁上。两根连杆被两个置于顶板下方的限位环套住。当转动摇杆，蜗杆带动蜗轮缓慢转动，曲轴带动老人的双腿缓慢交替移动，仿佛在慢慢走路。

2.12 棘轮组——方向控制

如图，棘轮组一般由一个棘轮和一个防止反转的拨片组成。通过观察，我们发现棘轮的齿均向一个方向倾斜。当我们沿一定方向转动棘轮时，拨片会轻轻与棘轮接触，但如果旋转方向相反，棘轮立马会被拨片挡住，无法再转动了。

知识点总结

在 Automata 制作中，棘轮组一般用于摇柄处，用来控制摇柄的转动方向，防止反转给机器带来损害或者影响表演效果。

思考 棘轮的齿为什么要做成倾斜的？

2.13 日内瓦齿轮组——等角度间歇旋转运动

日内瓦齿轮组由主动轮和从动轮这两部分组件构成。其中主动轮又由限制轮和拨杆支架合成。当主动轮旋转 1 周时，拨杆会进入从动轮的滑槽，推动从动轮旋转 90°，然后从动轮被限位轮卡住不动。主动轮旋转 4 周，被动轮才旋转 1 周。

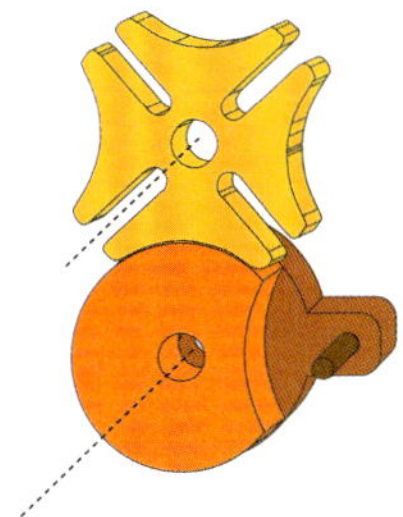

从动轮　　主动轮

日内瓦齿轮组不仅可以实现 90° 旋转，还可以实现其他角度的旋转。常见的还有 120° ，72° ，如图。

日内瓦齿轮可以实现从动轮的等角度旋转，这一功能在魔术主题的 Automata 设计中经常被用到。

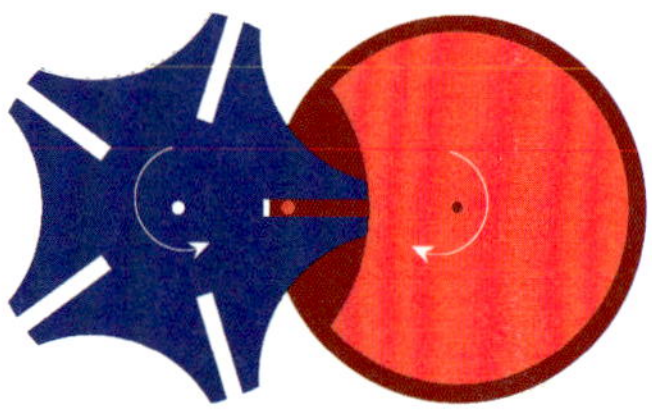

5倍 日内瓦齿轮

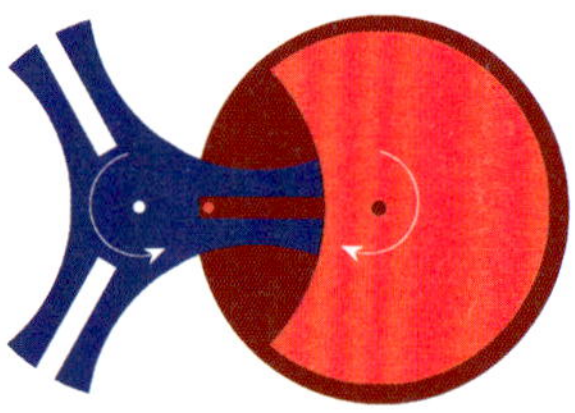

3倍 日内瓦齿轮

知识点总结

日内瓦齿轮可以提供等角度旋转的运动，而我们经常用到的角度有 120° 和 90° 。

案例分析

魔术师

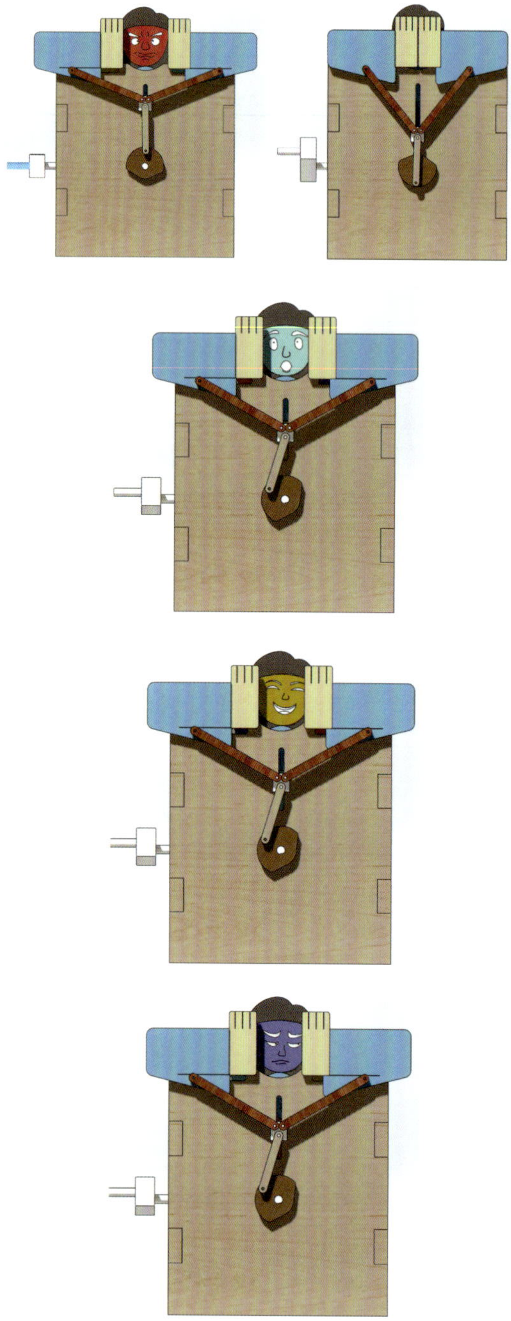

这个案例展示的是一个魔术师，双手捂住面部，当双手分开时，露出一个表情。双手每分开合并一次，人偶就更换一个表情，总共可以更换 4 次。

这个案例主要采用了 2 套机械构造，钉轮组和日内瓦齿轮组。钉轮组将摇杆横向的旋转力转化日内瓦齿轮主动轴需要的纵向旋转力。被动轮前面有一个圆盘，圆盘上分成 4 等份，每一个部分上有一个面部表情。同时主动轮所在的轴末端还有一个曲柄组，曲柄连接着一根连杆，连杆另一端与双手的结构相结合，来操控手臂的分开和合并。

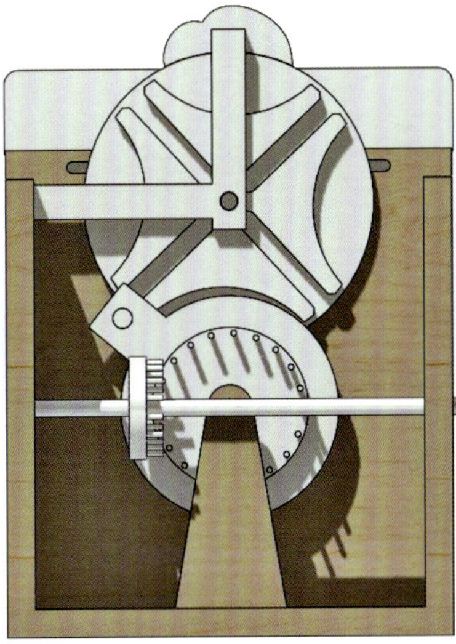

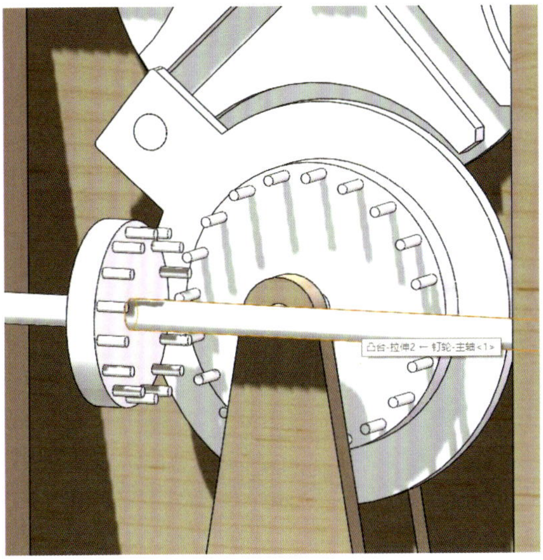

2.14 滑槽组——直线往复运动

在 Automata 设计构建中，我们经常会需要一种按固定直线方向反复运动的结构，这里我们就需要借助滑槽组了。

滑槽，通俗理解就是可以让某个零件在里面滑动的凹槽，这个零件被约束在槽里，只能按槽的形状运动。这个滑动的零件，可以是一根长棍、一个球或者木方，我习惯把这种零件称之为滑块或者滑条。之前我们讲到简单凸轮组的时候，那根立柱就是一个滑条，在木板钻出的滑槽里上下运动。滑动件与滑槽构成的结构，我称之为滑槽组。下面是我们常见的一些滑槽类型。

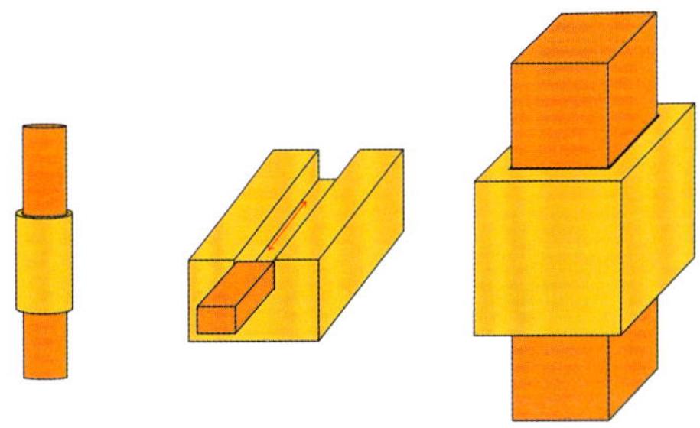

孔洞或管状滑槽　　半开放方形滑槽　　全封闭方形滑槽

第二章

知识点总结

（1）滑槽的作用只是起到约束滑块或者滑条按照固定的轨迹运动，而滑块和滑条需要借助其他的结构提供运动动力。

（2）在实际制作过程中，滑槽越长越好，滑槽的宽度要大于且接近滑动件的宽度，不能制作过宽，否则对滑动件的约束减弱，导致滑动件运行晃动或者卡顿。

案例分析

飞鸟

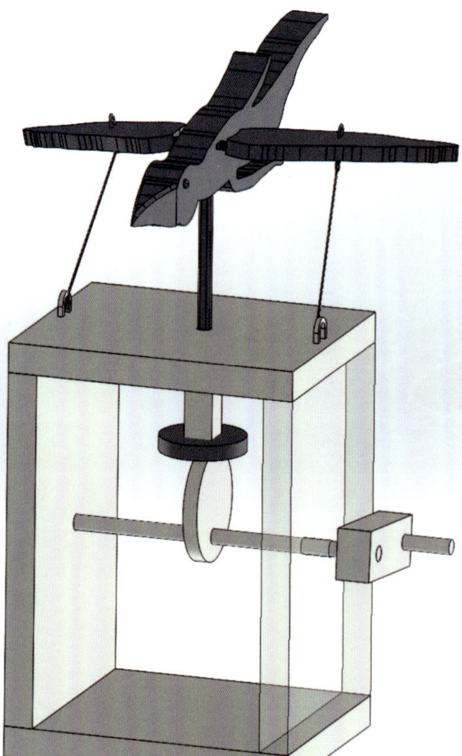

在这个案例中，当我们转动摇柄，小鸟就会上下起伏运动，而翅膀也进行上下张合，仿佛在飞翔。

这里，飞鸟的翅膀通过 2 个合页与身体关联。每个翅膀又通过一根连杆与桌面相关联。飞鸟的身体中央插入一根直杆，杆子穿过桌面的孔洞与托盘连接。这里，我们通过一个椭圆凸轮来控制托盘的起伏。需要注意的是，我们在桌面下方，孔洞位置又增加了一些木板，让孔洞形成了一个较长的滑槽，这样可以更好地保证飞鸟上下起伏的稳定。这里试想一下，如果不加长滑槽，会出现什么状况呢？

2.15 其他常见的复合型组合结构

这节将摘选几个常见的多零件组合在一起，实现某种运动的结构。这些组合有个特点，主要是通过曲柄组或者偏心圆轮来实现方向转化。通过观察和理解这些结构，我们应该更认真地对待转化在机械设计中的作用，并学会举一反三，在实际操作过程中大胆地进行尝试。

（1）曲柄＋连杆＋滑槽组合

作用：将曲柄的圆周运动转化为滑块的直线往复运动。

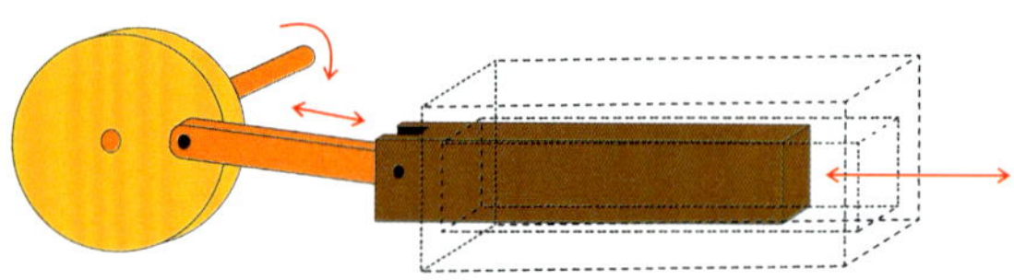

(2) 曲柄 + 滑槽组合

作用：将曲柄的圆周运动转化为滑块的直线往复运动。

(3) 偏心圆轮 + 滑槽组合

作用：将偏心圆轮的圆周运动转化为滑块的直线往复运动。

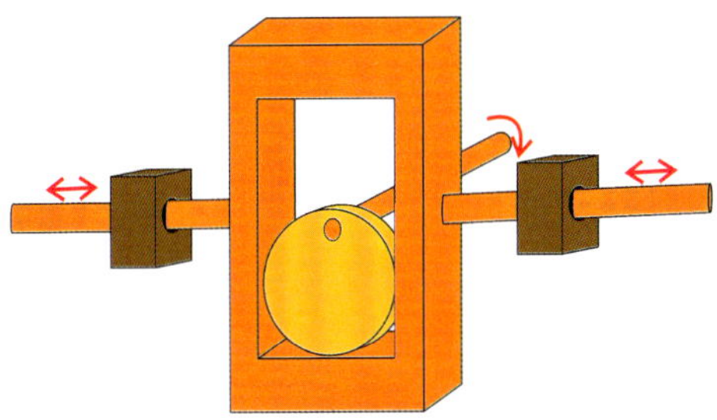

(4) 曲柄 + 滑槽 + 杠杆组合

作用：将曲柄的圆周运动转化为杠杆末端的左右往复摆动。

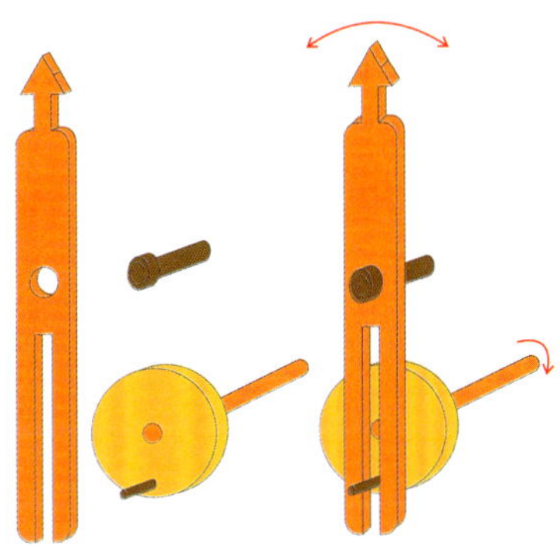

(5) 曲柄 + 滑槽 + 摇杆组合

作用：将曲柄的圆周运动转化为摇杆末端的左右往复摆动。

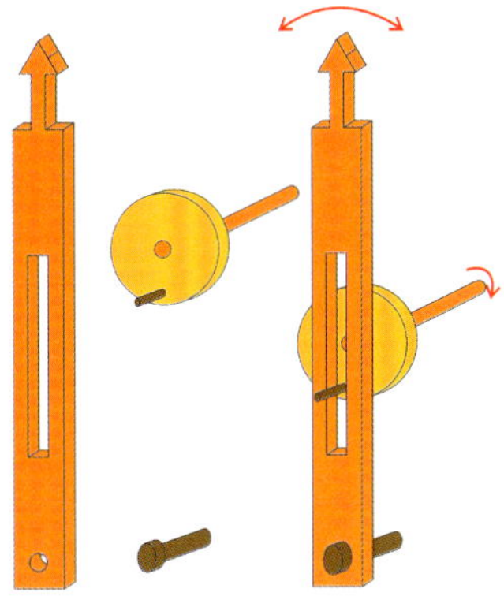

(6) 曲柄 + 连杆 + 摇杆组合

作用：将曲柄的圆周运动转化为摇杆末端的椭圆运动，这种结构经常用于人走路的作品。

(7) L 形拨杆 + 滑槽组合

作用：将 L 形拨杆的上下运动转化为 2 个滑块的往复圆弧运动，这种结构经常用于人偶的拍手动作。

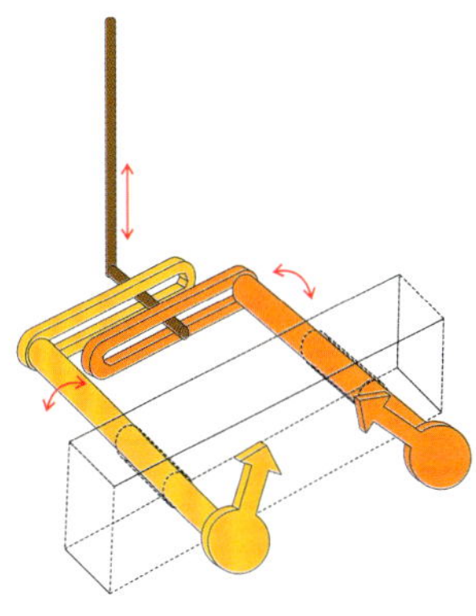

2.16 杠杆的理解

我们在初中学习物理的时候了解到了杠杆，并知道了杠杆构成的 2 个要素：支点和力臂。这里我们再简单回顾一下杠杆的知识，如图，这是最常见的杠杆。

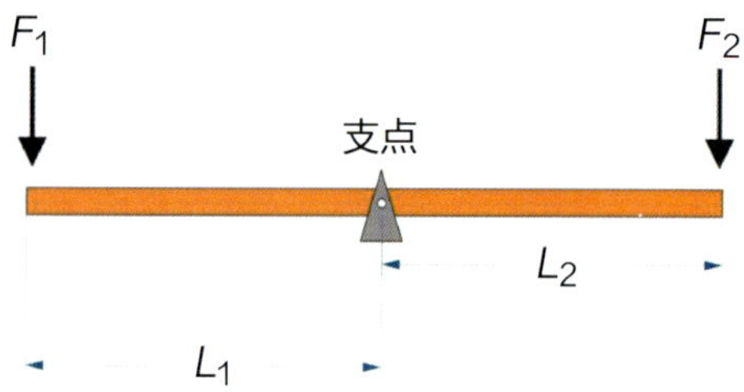

这是一根直线杠杆，从支点到左边的施力点长度为力臂 L_1，从支点到右边的施力点长度为力臂 L_2。左边施力点施加的压力为 F_1，右边施力点施加的压力为 F_2。当杠杆处于平衡状态时，计算公式是 $F_1 \times L_1 = F_2 \times L_1$。

在杠杆平衡状态下，当 L_1 越长的时候，F_1 施加的压力就越小。在实际应用中，当 F_2 给的压力太大时，我们可以通过延长 L_1 的力臂，用很小的力来实现杠杆平衡，甚至是让杠杆向 F_1 方向倾斜。

除了上面这种支点在杆子中间的，还有支点在杆子末端的，我们前面提到的传导杆就是一种，如图。

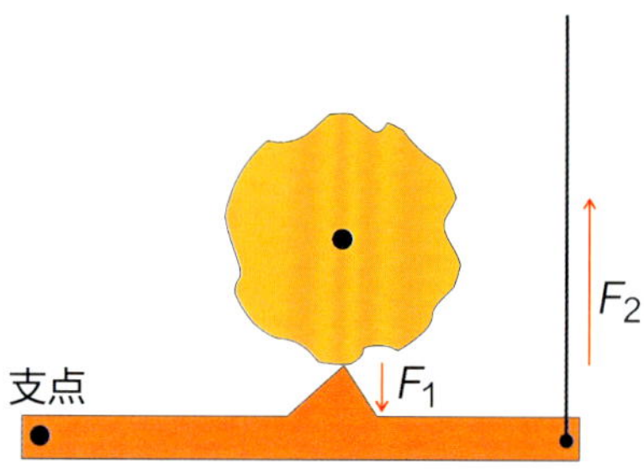

我们在构建 Automata 的时候，如果木偶零件给传导杆的压力过大，就会导致凸轮的旋转阻力增加，这不是一个好现象。这个时候，通过调整力臂的长度，就可以通过一个小力量去克服一个大阻力，如图。

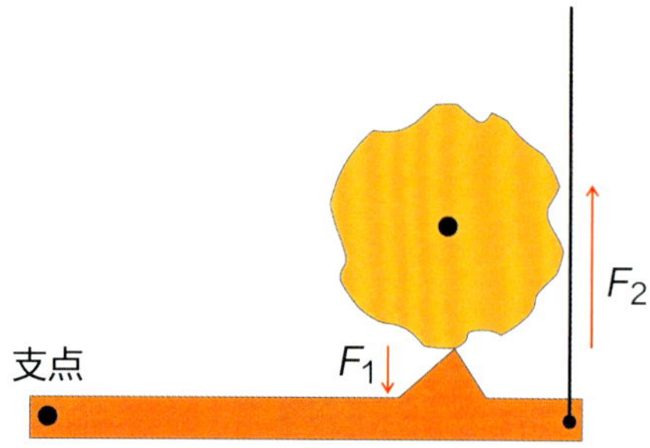

除了通过调整力臂来减小输入压力，杠杆还有一个特性，就是支点两侧的木板运动方向其实是相反的。我们就可以利用这一点，将杠杆做成一个方向转化器，如图。

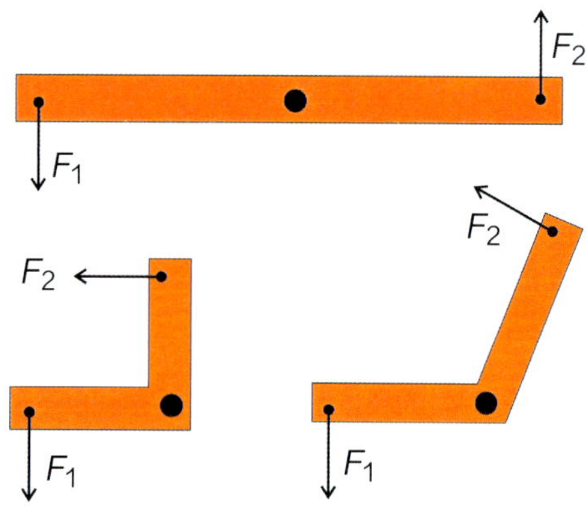

在很多复杂的人偶结构中，人偶的不同活动部位都是通过杠杆将凸轮组的上下运动转化为所需的运动，如人的点头、转头、抬手、转手等。充分地理解杠杆原理，将会大大提高制作复杂机械人偶的能力。

2.17 机械结构设计和布局思路

前面我们已经学习了20多种机械结构，这好比是一个学生刚学会了写字，那如何用这些字组词和造句呢？这一节，我们就来简单谈谈机械设计的思维和布局思路。

首先，我们将前面学到的机械结构按照其常用的主要功能来进行一下划分：

（1）动作控制结构（让木偶产生某个动作的结构）

简单凸轮组、异形凸轮组

（2）动作转化结构（需要将一个方向的动作转化为另一个方向动作的结构）

杠杆、曲轴组、曲柄组、常见的复合型组合

（3）动力传送结构（需要将力从一个地方传导到另一个地方）

平面齿轮组、钉轮组、锥形轮组、皮带轮组、连杆、摇杆、蜗轮蜗杆组

（4）方向控制结构

棘轮组

案例分析

小兔子拔萝卜

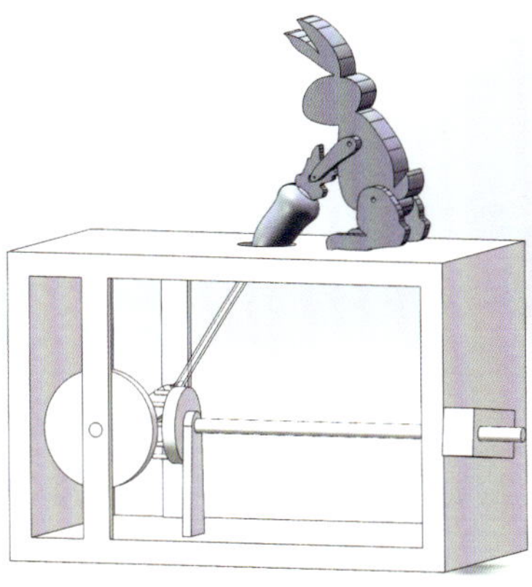

设计思路

在制作结构简单的Automata时，我的设计思路是这样的。

（1）首先根据创意，确定木偶大概样子、要表演的动作、动作的幅度大小和发生顺序。

结合到小兔子拔萝卜这个主题，我们可以确定几个要素：

a. 小兔子有弯腰、直腰的往复动作，小兔子的腿要固定，不能移动，所以小兔子的身体和腿就需要形成一个可以摆动的关节。

b. 小兔子的手和萝卜相关联，手臂是需要活动的，萝卜也需要在运动中比较灵活，所以萝卜与手的连接处就要做成活动关节。

c. 萝卜要从地面伸出来再缩回去，所以需要找一个可以实现往复运动的结构，推出萝卜并拉回萝卜。

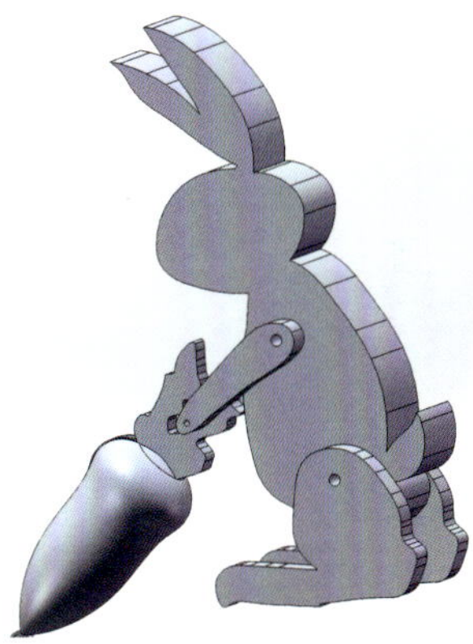

（2）然后要确定一下兔子的大小、所处位置以及框架的大小、摇柄的位置。一定要确定摇柄的位置，因为这会影响到内部结构的使用。

（3）明确一下是将萝卜作为主动件，让萝卜带动兔子运动，还是将兔子作为主动件，让兔子带动萝卜运动。

这2个方案将导致我们采用不同的机械构

第二章

造。通过分析可以得出，如果萝卜为主动件，那么兔子就比较干净，不会有辅助兔子运动的零件出现在台面上，视觉效果好。相反，用兔子为主动件，就需要在台面额外增加零件，如连杆或者杠杆之类的来带动兔子运动。

为了视觉美观，我选择了萝卜为主动件。所以，我们要想一个结构，可以实现萝卜向斜上方和向斜下方往复的运动。

结合前面所学的机械构造，在脑海中回忆他们能产生的运动轨迹，并筛选出可以满足的方案。这里我们选择曲轴组。

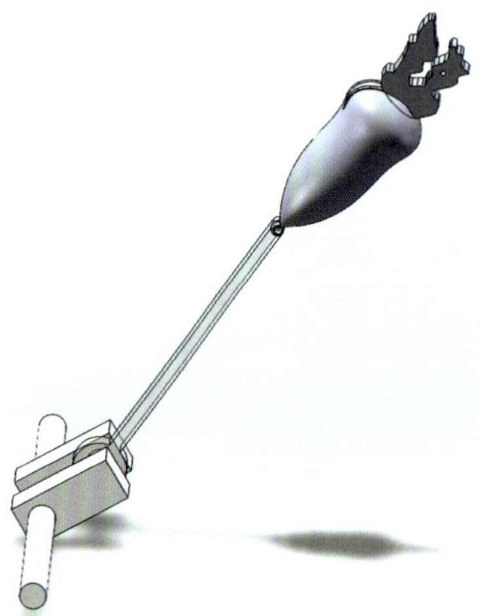

（4）轴的布局。我们在纸上将设想好的结构画出来，发现曲轴的旋转轴是前后方向的，与摇柄所处的右侧不符。这时候，我们就需要寻找一个可以实现 90° 转折的结构，将摇柄轴的旋转力传导到曲轴所在轴上。我想到了钉轮组。

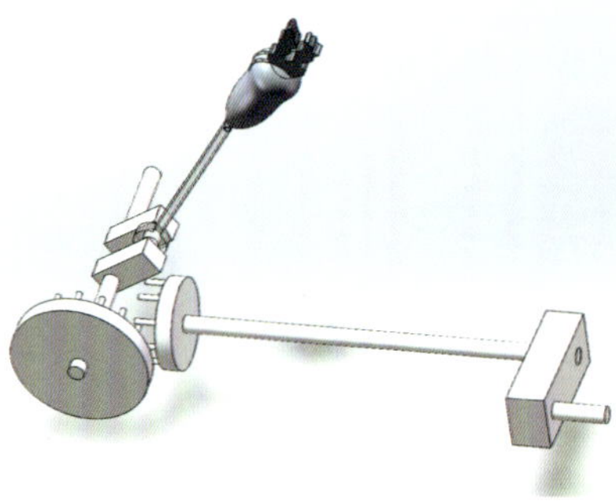

（5）接下来，我们就要组建框架，将所有的轴稳定在框架上。

在这个案例中，我们需要给曲轴所在的旋转轴两端安装支架，同时也要对摇柄旋转轴内侧安装一个支架，以保证钉轮的正常运转。

（6）经过以上这些流程，我们就完成了一件作品的机械设计与结构布局了。

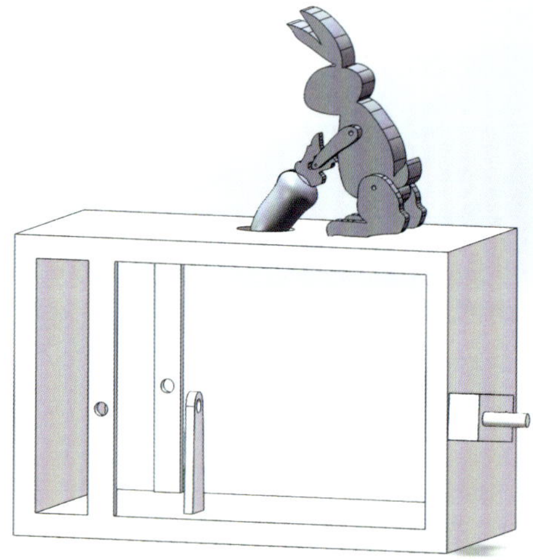

说明

如果木偶的动作都保持在一条线上，那我们就可以通过一根旋转轴带动所有的零件。

如果是多个木偶要发生动作，动作不在一条线上，我们就需要在主旋转轴即 1 级旋转轴之外，加 2 级旋转轴（有点像主树干上长出分枝），让每个木偶的下面都有对应的旋转轴，以方便安装操控的零件。然后再通过动力传送结构将这些 2 级轴与 1 级轴连起来。

如果2级轴与1级轴平行，我们就可以通过平面齿轮组来连接各轴。

如果2级轴因为其上的零件设计问题与1级轴无法平行，我们就让他们保持90° 垂直状态，并通过钉轮组或者锥形齿轮组连接。

如果2级轴与1级轴太远，我们还可以使用皮带轮组来连接。

如果我们需要让木偶的运动速度加快或者变慢，可以在旋转轴处增加一组加速齿轮组或者减速齿轮组。

轴的布局设计好后，我们将那些可以控制动作的结构分别放置在对应木偶下方。这个过程，如果涉及力的方向的转化，比如90° 可以考虑钉轮锥形齿轮，其他角度可以考虑杠杆、连杆。

最后，我们要在脑海中，模拟一下所构想的设计机构运转起来的效果，仔细研究每个环节要考虑到的因素，比如阻力的问题、空间限制的问题等。

以上呢，就是结构相对简单的 Automata 机械结构设计的思路。在实际创作中，随着我们对机械构造的了解和掌握，布局会更加合理，也会更有趣味性。

机械结构知识积累得越多，越有助于我们设计出更复杂的木偶动作。在日常的学习中，机械知识的学习主要有3种方法。第1种是观察其他作者的作品，查看机械构造的设计及应用情况。第2种是从身边的机械类设备或者玩具中，观察其机械构造，了解其运行原理。第3种就是通过查看机械书籍、观看机械视频或者机械结构动图来学习。不论从哪个方面来学习，都要根据自己的加工能力进行筛选，所以不是所有的机械构造都要吸收。我们这本书是以制作木质 Automata 为范例，所用到的机械构造就需要考虑木头材质的强度和稳定性。

同时，建议每位读者自己亲手仿照书中提及的机械构造制作出机械模型，不断地观察并灵活运用。理论和实际之间还有很长的距离，只有不断实际操作来检验理论，才能创作出机械运行流畅稳定的作品。

第三章

材料、工具的选择与使用方法

工欲善其事必先利其器。工具的学习是创作的基础，认真对待工具的使用，才能够在后面的创作中，保持自身安全和加工精度。

3.1 材料

用什么材料来制作Automata机械玩具呢？通常我们会使用木头和金属。

金属是古典 Automata 的常用材质，其加工难度大，但稳定性好，是适合做精密复杂设计的材料。相比金属，木头更容易加工，其有一定的硬度和机械强度，可以一定范围内保证零件的稳定性，也可以塑造出多种形态的表演部件，所以是当代 Automata 常用的材质。

除了以上两种，当下的创作还可以扩大材料的选择范围，比如硬纸板、雪弗板、塑料、树脂、亚克力板、软泥、陶泥甚至其他可塑形的材料。

最终选择什么样的材料，我们可以根据材料的不同特性来匹配。

比如表演部件，上面的道具和人偶，采用不同的材质在视觉上会产生不同的效果：木头会显得很天然，羊毛毡的效果很柔和，金属很有硬度和质感，陶泥会显得亲和力强等。在表演部件的材料选择上，要根据创作者的喜好以及手头可以找到的材料来决定。确切来说，生活中遇到的大部分材料都可以加入表演部件中来。

当然，如果制作的人偶有关节，这个时候就需要找一些有硬度的材料做补充。木头和金属很容易加工成关节，但是羊毛毡、陶泥、软泥这种就需要借助木头、金属或者树脂等材料来实现活动效果。

而机械部件，包括框架和机械零件，这些就需要相对硬一些的材料来完成。木头、金属很容易胜任这种工作，而其他的材质如果硬度、韧性甚至是重量（比如利用零件重力通过摩擦才能运动的结构）无法满足时，可以多材料混合使用。

想想看，用木头做框架，用羊毛做人偶，用陶泥做齿轮，这种打破机械冰冷感的处理方法，不仅能让作品看起来更有趣，更有新意，同时也容易形成创作者独特的表达风格。

当然还有一点也是选料的考虑标准，那就是材料的加工难度和加工条件。我们必须明晰，不同的材料对应的加工技术、加工工具、加工环境是有很大差距的。

加工金属就需要用到金属车床、焊接工具、金属切割机等，其设备成本高，技术要求高，同时也对场地有很高的要求。

加工木材，同样需要各种切割钻孔工具等，虽说技术层面没有加工金属难度大，但依旧需要投入很多成本和精力去学习处理。

如果使用树脂材料、硅胶材料等，就需要通过电脑建模、3D 打印、翻模等加工进行处理。

当然，像纸板、雪弗板、羊毛毡等材料，它们的加工技术难度、对工具和制作场地的要求就很低，一般在家就可以完成。

总之，选料是一个需要创作者开动大脑的环节，一方面要考虑到其创作条件、技术水平、工具种类，另一方面要考虑构建的 Automata 要呈现的效果。

其实，万物皆可 Automata，我前面说这么多，只是希望你的想象不要被材料束缚。作为一本制作指南，我将以木头作为创作材料来跟大家做示范讲解，但还是希望读者要结合自身情况，选择合适的材料。

3.1.1 木板

必备

胶合板（椴木板）

实木板

如果学员本身不具备制作木板的条件和能力，建议直接在市场上购买成品板材。建议框架板材的厚度是 8～10cm，制作齿轮零件板材的厚度在 4～8mm 之间。

胶合板，也叫多层板，一般是通过胶水黏合、高压处理后，将多张薄木片整合为一张木板。市场上质量参差不齐，价格差距很大。好的胶合板稳定性高，不易变形，适合框架和零件的加工。但是胶合板的切面会有明显的木片叠加的结构裸露。初学者可以根据需要，在网络平台购买切割好的成品椴木板。

实木板，就是木头直接经过切割成型的板材，其保留了木头本身的纹路和质感。

实木板选购，初期阶段可以先挑选价格便宜的木料，用来练习。推荐松木板、榆木板、橡胶木板、杉木板、柳木板等。后期可以买一些好点的木料，如胡桃木、枫木、红橡木、白蜡木、樱桃木等。不同木料其色泽、纹路、硬度存在很大差异，这个需要学习者亲自购买对比才能真切体会到。其中，硬度高点的适合做齿轮零件等。

实木板购买的规格推荐是（5～10cm）厚 ×（10～15cm）宽 ×（20～30cm）长，可以一次囤积多块木板备用。小规格的成品木板，一般都在网络上销售，线下市场很难找到。

板材购买回来，要放置在干燥阴凉的地方储存，如果有条件可以将木板用保鲜膜包裹好，防止板材弯曲变形。

3.1.2 木方

必备

常用材质：椴木、巴尔沙木、其他软木。

木方是制作木偶的材料。如果是手工削切风格的木偶，一般会推荐初学者选用俄罗斯椴木、巴尔沙木稍微软一些的木头，尤其是椴木，做木偶造型非常合适。但是椴木密度偏低，质感粗糙，等练习者对雕刻刀的运用熟练后可以换一些日常能接触到的稍硬点的木头。

对于用牙机雕刻的木偶，木方的种类可以更多样些，硬点的木头也可以。前面推荐的木板的品种，其实都可以尝试，或者用从自己身边能搜集到的木料，也是不错的。

雕刻用的木料，可以通过网络购买，也可以在木材市场选择，或者用一些日常可以搜集到的木料。

注意，如果制作的木偶带有关节，或者涉及细小的零件制作，建议用硬一点的木头，榉木、枫木、榆木、黄杨木等都可以。

3.1.3 木棒

必备

常用材质：白桦木棒，白桦木性能稳定，不易变形，价格低廉，容易加工。

规格：推荐购买直径 4mm、6mm、8mm，长度 30～40cm。6mm 和 8mm 是做旋转轴的常用规格。

3.1.4 砂纸

必备

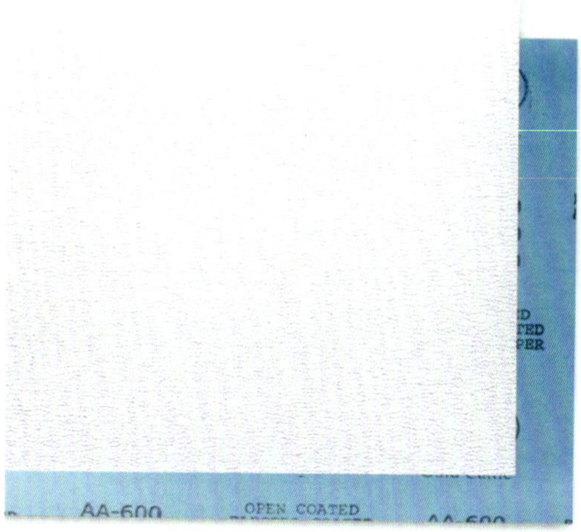

推荐品牌：鹰牌。

砂纸主要是对材料表面进行去糙、找平、光滑处理。砂纸有不同的目数，目数越低说明其砂砾感越强，去料越快，当然表面的磨痕越粗糙。所以我们打磨一般是用几个目数，从低到高，将材料表面打磨到所需光滑度的。

砂纸是常用的耗材，平时我们可以储备 80 目、120 目、240 目、320 目、400 目这几种目数的砂纸。其中 240 目使用的频率高些，可以多储备一点。

砂纸的使用方法是，先从低目数开始打磨，等材料表面原痕迹消失后，再逐渐换高一层的目数，这里不推荐跳越目数打磨。每一目数打磨至将上一目数磨痕磨掉后，进行下一目数更换。

木头要从多少目开始打磨，要根据木头的光滑程度来确定，不是所有的操作都从 80 目开始。

3.1.5 胶水

必备

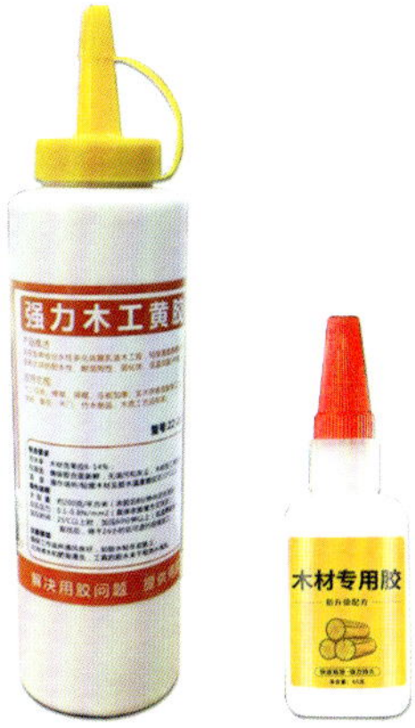

常用种类：白乳胶、木工黄胶、木工快干 502。

木工白乳胶流动性好，黏性强，但是凝结速度慢，需要配合固定钳夹使用，适合不太着急的零件拼粘工作。木工 502，其黏性好，凝结速度快，适合小部件快速黏合。但从长远看，502 的粘接面在经历半年或一年后就会松动。白乳胶和木工 502 尽量挑选干后透明，不留白色痕迹，含胶量大的。

3.1.6 金属丝

选备

常用种类：铁丝或者铜棒。

我们在制作 Automata 的时候会用到一些金属丝或者棒来制作连杆等零件。一般我们会选用两种材料，一种是软一点的铁丝，这个可以在五金店购买到，另一个就是铜棒。铜棒有一定的硬度，同时比较挺直，容易加工。这里推荐大家储备一些铜棒，直径规格是 1mm、1.5mm、2mm。铜棒很容易截断，同时它也很容易进行焊接。铜棒一般在网络上就可以购买到。

3.1.7 涂绘颜料

选备

常用种类：丙烯颜料、水彩、水性漆、木蜡油。

以上是常用到的木偶表面上色的颜料，简单说明一下。

丙烯颜料，特点是价格便宜，颜色丰富，使用简单。其在木头表面覆盖力强，但想让色彩均匀，需要多次涂抹。丙烯涂抹太厚，在后期会造成龟裂。丙烯颜料不耐脏，所以一般在丙烯干后，还会表面刷一层清漆或者亮光油，增强其质感和光泽度。但是这也有一个问题，就是塑料感会很明显，木头的纹理会全部被遮盖。

水彩是水性颜料，颜色也非常丰富，它在木头上涂抹后，会迅速渗透到木头纹理里面，上色效率很高，而且它可以实现过渡色的效果。用这种颜色上色后的木头，色彩很自然，同时木纹理也很明显，适合制作一些手工痕迹明显的治愈感小木偶。

色彩水性漆，其色彩艳丽，涂抹在木头表面后，硬度和光泽度都很好，色彩覆盖也很均匀，但是这种色彩一般需要单独调配，很少有像丙烯那样的多色小包装成品，所以，用水性漆来绘制多色的形象，相对来说不是很方便。除了彩色水性漆，我们常用的还有透明水性漆，它没有颜色，适合木材表面的喷涂。水性漆的使用，一般是涂抹 3 次完成。每次都要用毛刷薄薄刷上一层，等干透后，用 400～600 目的砂纸轻轻打磨，然后再刷第二次，直到最后一次刷完不用打磨，实现均匀上色，光亮如镜。

涂绘颜料需要搭配相应的笔刷进行使用。

木蜡油，是近些年新兴的一种涂抹材料。从实际使用情况来看，这种油状物的材料对木头的形变几乎起不到预防作用，目前其最大的功效就是加深木头的颜色。通过对打磨光滑的木材表面涂抹木蜡油，可以提高其视觉层次和触摸质感。

以上提到的这些颜料，我们可以通过文体店或者网络平台购买到。

3.1.8　其他常用工具

（1）锤子

必备

用途：用于零件组装中的一些砸敲工作的处理。

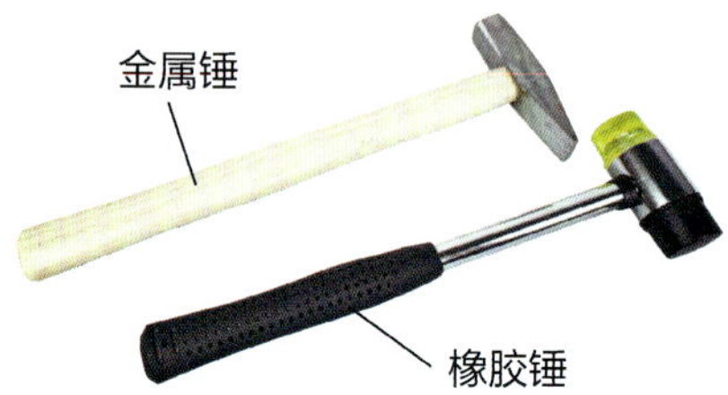

（2）剪刀

选备

用途：主要用于对齿轮等零件图纸的剪裁。

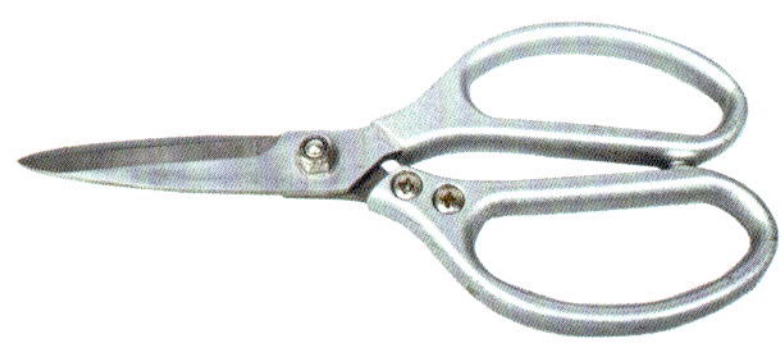

（3）笔刷

选备

用途：对木偶进行涂装作业。

3.2 电动工具

本节，我们将对木质 Automata 制作中涉及的常用电动工具进行简单介绍。需要说明一下的是，任何一种工具的使用，都有一定的规范要求，甚至还有很多使用小窍门。我这里摘选了一些适合入门初学者的常用电动工具并做了简要介绍，但不代表看完这节内容，你就可以熟练操控机器了。你还需要大量的实操经验，需要查看其他网络资源，来更好地掌握机器的使用技巧。一台优秀的机器必须匹配正确的操作才能做出合格的零件。所以，理论和实践一定要结合学习。

3.2.1 电动拉花锯（电动曲线锯）

必备

推荐型号：16 寸桌面级别。

用途：可精准切割齿轮、凸轮等各种曲线造型的零件

特点：噪声小，体积小，成本低，故障率低，安全性高，操作简单，易上手。但如果想实现精准切割，需要一定技巧。

加工厚度：一般可以加工厚度 1～25mm 的木料，厚度 1.5mm 以下的铜、铝板。

锯条选择：

以上几种是非常常见的拉花锯锯条。我们制作零件通常需要比较精细的切割，推荐购买 4 号、5 号扁平窄锯条。

4 号、5 号扁平锯条，常用型号 1～5$^{\#}$，型号越小，锯条越窄，其切割面越光滑，锯路越细。该锯条适合木料以及厚度 1mm 以下铜板的精准切割。常用型号推荐 2$^{\#}$。

3 号螺旋锯条，常用型号 1～5$^{\#}$，型号越小，锯条越细，锯路越细。该锯条适合木料粗切割。

2 号螺旋锯条，适合木板粗加工切割，切割阻力大，不常用。

1 号带销钉扁平锯条，锯条太软，不易控制，适合厚度较薄、材质较软的板材切割。

注意：3～5 号锯条两侧均为扁平状，需要匹配一对锯条夹头使用。

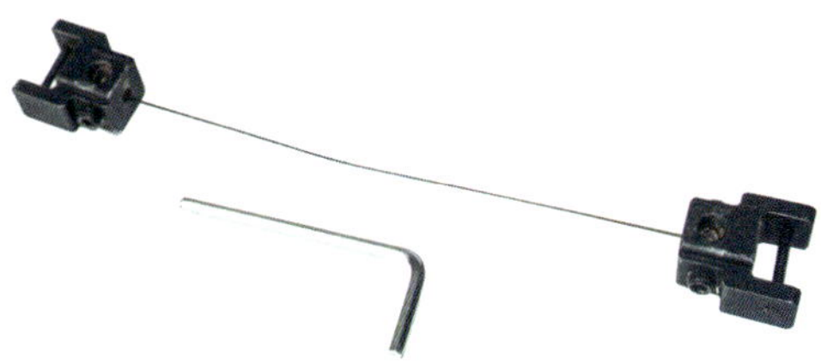

选购事项：优先挑选带有无级调速功能的设备，配件必须选购可拆卸式锯条夹。预算成本 600～10000 元，可根据自身经济状况选择。从性能上看，国内外品牌差距不太大。

机器操作方法:

(1) 开机前，检查锯条是否绷紧，松紧度以手指轻弹发出比较清脆的声音为准，过紧过松都不行，然后将调速按钮调至中档。

(2) 点开开关，根据切割木料的厚度，硬度，调至合适速度。硬木料，厚木料，速度可以慢一些。

(3) 左右手食指、中指、大拇指按压在切割线路两侧，轻轻用力，缓慢朝前推进木料。

(4) 因为锯条锯齿一直是朝前上下抽拉运动，进料过程中要根据切割曲度，随时调整木料的方向，转弯过程要慢并压实木板，防止上下跳动。

(5) 进料过程中，锯条尽量保持直线状态，切勿过快，防止锯条弯曲过度断裂。

(6) 如锯条在使用过程中断裂，不要慌张，关闭电源，更换锯条即可。

(7) 镂空作业，先选用台钻对镂空去除的部分打孔，然后将锯条穿过孔洞，再将锯条固定在机器上，调好松紧度即可作业。

常见问题和解决方案:

(1) 锯路走偏。可能原因是进料速度过快，进料时没有维持锯条的垂直状态，建议放慢进料速度。

(2) 切割面不垂直。进料时，木料锯路偏离锯条的垂直面，导致锯条被迫倾斜。建议放慢进料速度，调整进料方向。

(3) 切割面焦煳。锯齿变钝，锯条速度过快。建议更换锯条，或者调低锯条的切割速度。

(4) 进料速度过慢。可能是锯齿变钝，锯条型号不匹配，或者是木料太厚、太硬，从这3个角度去解决。

(5) 切割过程中，木料上下颠簸严重。可能原因是双手没有按压好；所装锯条型号太大，导致上下切割阻力大；转弯切割时，速度太快。双手手指应该尽量靠近锯条，处于锯条两侧安全位置，匀速缓慢前推。使用更窄的锯条，减少锯条与木料之间的摩擦阻力。

注意事项:

(1) 严禁佩戴线手套操作。

(2) 进料过程中，手指严禁放置于锯条正前方。

(3) 即将切割结束时，应放慢进料速度，让锯条以垂直状态缓慢从木料中移出。

(4) 如无集尘设备，操作时最好佩戴防尘口罩。

3.2.2 桌面台式钻孔机（台钻）

必备

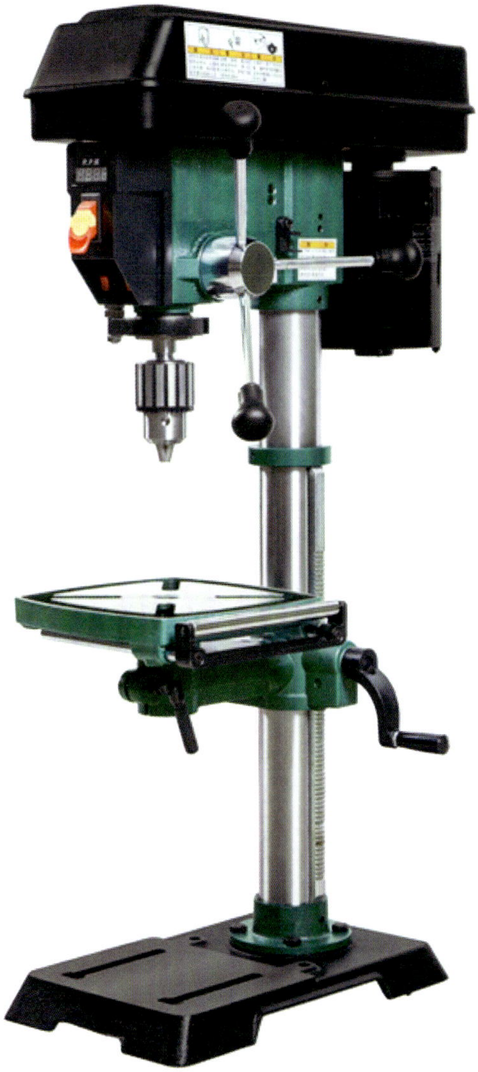

推荐型号：12 寸桌面家用级别。

用途：对木料、金属料进行钻孔作业。

特点：安全性高、相比手钻钻孔垂直度高、精度高，操作简单。

钻头选择：

1 号，三尖木工钻头，备用规格 3～10mm，主要对木材进行精准钻孔，但规格不全。

2 号，麻花钻头，备用规格 1～10mm，主要对木材、金属进行钻孔作业，规格齐全，精准度低。

3 号，金属钻头，含钴、镀钛处理，适用金属板材钻孔作业。

配套：可选择 4 寸平口钳作为固定辅助工具。

选购事项：优先挑选可以实现调速功能，可限定加工深度，带辅助照明功能的设备。价位区间 500～10000 元，不同级别、品牌价位不同。根据操作者实际需要、加工要求来选购。比如，家庭操作，做小手工，加工小零件，就可以购买百元级别的，不要盲目选购高价位设备。

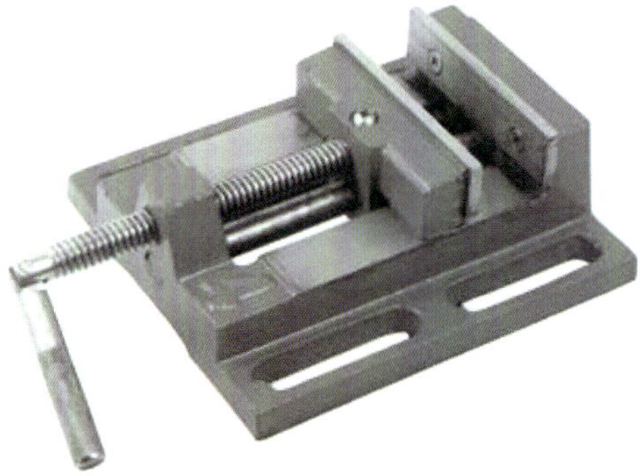

机器操作方法：

（1）通过夹头钥匙，松开夹头，插入合适的钻头，并将夹头拧紧。
（2）调整操作台高度至合适位置，然后紧固操作台。
（3）如果木料太小，建议配合平口钳或者其他固定夹具，将加工料固定后进行对准位置作业。如果木料体积合适可以手持固定，且加工深度不高，如板材钻孔，可以一手按压住材料，一手操控台钻下压杆。
（4）材料钻孔位置，可以先用锥子扎出一个小坑，然后再钻孔，精准度会更高。
（5）钻孔结束后，压杆会自动复原，钻头离开木料后，再关闭电源。
（6）钻孔时，钻头直径越大，对应的旋转速度越低。

常见问题和解决方案：

（1）钻孔不精准。如果是对木板加工，建议匹配三尖钻头，在所打孔位置，提前用锥子扎出一个小坑做定位，同时如果手持固定困难的话，可以配合夹具，增加木料的稳定性。
（2）钻头的同心度不高。先更换不同的钻头，检测是钻头的原因还是台钻自身的原因。如是台钻自身问题，可联系售后或更换设备。
（3）台钻抖动严重。如果是大型的桌面台钻，建议通过螺丝将台钻固定到桌面。如果不是这个原因，检查皮带是否出现问题。
（4）钻头下钻作业困难，吃料慢，甚至出现冒烟。钻头变钝，更换新钻头。同时钻孔作业的时候，要一边下压，一边抬起钻头，让孔里面的木屑及时排出，防止木屑在洞内淤积。
（5）使用小直径钻头钻孔，钻孔走偏，不垂直。主要是进料过快，进料一次过深，导致钻头位移。建议每次进料深度减少，进料频率增加，及时排出孔内木屑。通过多次一压一抬进料，可以最大程度上保证钻孔的垂直度。

注意事项：
（1）严禁佩戴线手套操作。
（2）加工金属板时，最好使用夹具固定，用手固定存在受伤风险。
（3）更换钻头时，一定要检查好，夹头是否正确夹持钻头，然后再开机。

3.2.3 桌面小台锯

必备

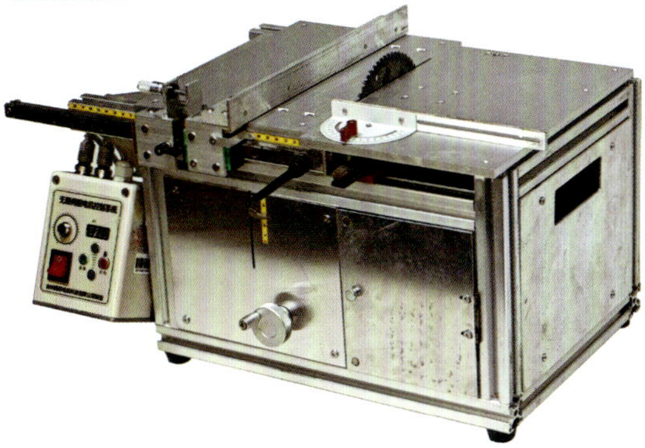

推荐型号： 桌面级别的 4 寸小台锯。

用途： 对板材进行直线切割，对木棒进行截断作业。

特点： 占地小，噪声低，操作简单，但精准度低。

机器介绍： 小台锯，一般会配有一个活动推尺，还有一个靠山。推尺是用来控制木料前进，进行一定角度的切割。靠山主要是限制切割的宽度。一般市面上常见的小台锯，桌面都偏小，依靠靠山的纵切范围在 10～15cm。

选购事项：

市面上流通的桌面小台锯品牌繁多，200～600 元人民币之间的机器差距不是很大。选购时尽量选择大台面、高动力、锯片可以升降或者倾斜的。如果对功能和精度要求更高，可以寻找价位在 1000～10000 元之间的重型桌面小台锯，或者私人定制。

机器操作方法：

（1）**纵切法。**将靠山调整到所需宽度，然后将木板一侧贴住靠山。开机，一手按压住木板，一边缓慢匀速往前推，一边微用力将木板贴住靠山。等木料完全离开锯片后，取下木料，关闭电源。如果靠山与锯片之间的距离太窄，不适合用手按压，我们可以借助推尺，实现安全进料。

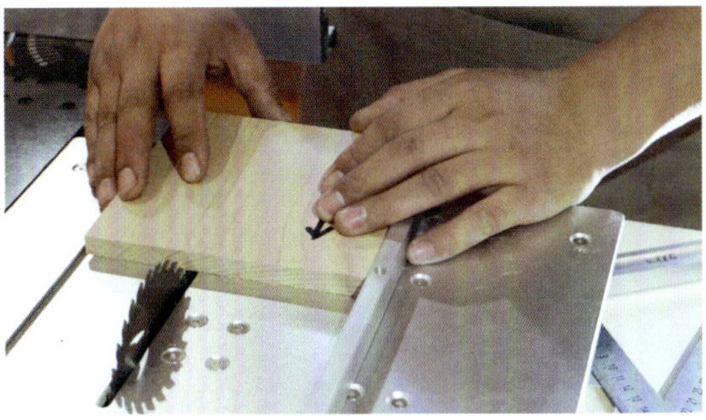

（2）**横切法。**将所切木料固定在活动推尺上，根据所需长度缓慢推进锯片。截断后，关闭电源，取走所截部分木料。

（3）**固定长度横切法。**比如，我们要截取 4 根长度均为 3cm 的木条。首先，将靠山移动到

4cm 的位置，然后找来一块 1cm 宽的木条，放到靠山前侧。我们将木棒放到移动推尺上，一端抵住木条，这样就确定了切割长度，然后缓慢推动推尺，让木棒离开木条进入锯片，完成切割。

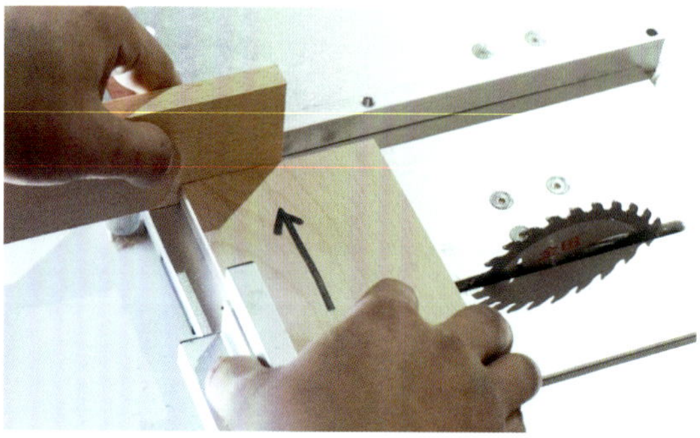

注意事项：

（1）严禁佩戴线手套操作。

（2）切割过程中，严禁头部正对锯片位置，预防锯片反弹的木屑伤害身体。

（3）纵切过程中，一定按压住靠山这边的木料，一定等木料完全脱离锯片后再取出木料，否则木料很容易被锯片反弹，造成伤害。

（4）横切过程中，被切割部分一定要及时远离锯片，严禁多次切割过程中，截断的木料堆积在锯片旁边，这种操作，非常容易导致木料被锯片反弹，造成事故伤害。

（5）锯片转速非常高，其只能进行直线切割。严禁在切割过程中更改切割路径或者左右移动木料，否则会造成木料被弹飞，甚至损害操作者身体。

常见问题和解决方案：

（1）纵切时，木料出现前松后紧的体验，木料切割后，两端宽度不一致。这主要是由于靠山与锯片不平行导致，这时可以借助一把直角三角尺，重新校对靠山。

（2）横切时，锯片出现抖动异响，切割面不平整。这主要是木料推进速度太快，且木料没有完全固定在推尺上，导致木料发生了位移，影响锯片正常切割。

（3）进料困难，锯片速度减慢，甚至卡死。一方面考虑靠山是否与锯片平行，另一方面看所切木料是否过厚过硬，超过了电机的承载能力，还有推进速度太快，远远大于锯片的进料速度也会出现这种情况。

（4）进料过程中，台锯整体出现前后位移。建议在桌面粘贴木条，锁定台锯的四个角。

（5）木板切割完毕后，木板没有完全离开锯面就拿走，导致木板切割面尾端受损。一定牢记，等木板完全脱离锯片后再移走。如图。

3.2.4 手持充电式电钻机（手钻）

必备

推荐型号：无刷锂电钻（12v/16.8v/21v）。

用途：对木料进行手持多角度灵活钻孔作业、打磨柱形木料、拆卸螺丝。

特点：体积小，操作方便，便携式，可弥补台钻缺陷，实现多角度钻孔作业。但垂直钻孔精度不高，力度有限。

选购事项：市场上流通的国内外品牌价格差距非常大，一般来看，200 元以上的手持电钻基本可以满足初学者日常需求。建议直接购买 21v 型号，电量续航长。已经拥有台钻的，手钻的使用频率就不会很高，可以配备一块电池。

操作方法：

（1）将手钻速度挡位调至 1 挡（慢挡），然后拧松夹头，将所需钻头准确放入夹头，然后反方向拧紧夹头即可使用。拆卸钻头，也是在 1 挡状态下进行。

（2）1 挡为慢速挡，适合松紧螺丝。2 挡为快速挡，适合快速钻孔，打磨物件。

（3）一般手钻都有旋转方向设置按钮，夹头顺时针旋转为进料，逆时针旋转为出料（松紧螺丝会经常用到该按钮）。

（4）垂直钻孔时，右手握住手柄，左手放于手钻后方，缓慢向下施加压力。钻孔的垂直度，可以通过多次练习以及打孔辅助工具来提高。

常见问题和解决方案：

使用小直径钻头进行钻孔作业时，容易出现钻头断裂。其主要原因是手持不稳定，在钻孔作业时，手钻的位置发生了位移。

注意事项：

（1）严禁佩戴线手套操作。

（2）严禁固定木料的手指处于手钻夹头的正前方。一旦钻头断裂，手钻会因惯性，直接扎入前方，伤害手指。

错误示范

3.2.5　台式砂带机

选备

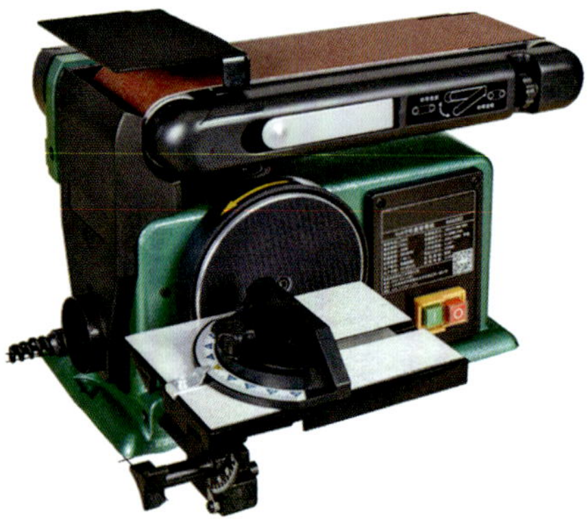

推荐型号： 4×6、6×10。

用途： 对木料、金属的外在面进行快速打磨、修型处理。

特点： 体积不是很大，桌面级别，会有噪声和粉尘（可以购买自带吸尘功能的），操作简单。

选购事项：

桌面级国产砂带机一般会在300～1000元之间，功能上没有太大区别。可根据需要选择不同的体量。购买机器时，要同时搜寻一下匹配的砂带纸是否容易购买。

配件： 一般匹配60目、80目或120目的砂带圈，打磨去料效果好。

操作方法：

开机后，将材料置于砂带圈上方的挡板或者平台上，轻推材料，通过多次与砂带圈接触，实现去料磨平效果。

常见问题和解决方案：

打磨面出现焦煳。砂带圈打磨面老化，木料接触时压力过大。应减小木料与砂带圈接触的压力，少压多磨的方式处理，如果没有效果，建议更换新的砂带圈。

注意事项：

（1）严禁使用非常大的压力将木料放置在砂带圈，这样容易造成电机损坏。

（2）在打磨非常薄的木料或金属料时，可以先用一块平整木板贴住砂带圈，不能出现缝隙，然后将打磨料放置于木板上，轻按打磨料进行打磨，结束后，松开手，让打磨料自然倒在木板上，再取走。如果没有木板，或者木板与砂带圈出现缝隙，打磨料很容易被砂带圈卷进机器内部。

3.2.6　带锯机

选备

型号：8 寸、9 寸、10 寸、12 寸、14 寸。

用途：用于板材的直线和曲线切割，毛料的开板作业，木偶轮廓粗切割。

特点：相比台锯的圆弧式直线切割，带锯可以对木料进行垂直式直线和曲线切割。和电动拉花锯相比，其曲线切割速度快，效率高，可加工的板材更厚，但是无法实现小幅度精细切割，同时其木料的切割面光滑度不如拉花锯作业效果。

带锯尺寸越大，动力越足，可加工更厚、更硬的木料。同时如果想用带锯制作木板，也是建议购买大尺寸的设备。

根据锯条类型，带锯主要分为直线锯条和曲线锯条。直线锯条宽度大，适合毛料进行开板作业。曲线锯条宽度小，适合曲线切割。

带锯操作简单，安全性高，可以作为快速切割木料的备用工具。

选购事项：

尺寸越小，价格越低，切割能力越低。价位 500～10000 元不等。同尺寸国产品牌，性能差距不是太大。对于初学者，如果预算有限，可以备选国产 8～10 寸类型，足以应对初期作业要求。

操作方法：

如果进行木板制作，对厚木料切割开板，首先搭配宽度较大的直线锯条。在后续进料过程中，要缓慢匀速推进。木料进料的速度要根据带锯去料的速度决定。通常来说，缓慢匀速进料，可以更好地保证木板切割的平整度。

常见问题和解决方案：

（1）开板作业，木板前后厚度不一致，锯路发生偏移。主要从这几方面考虑，是否使用了直线锯条，锯条是否变钝，推进速度是否过快。

（2）开机后，机身不动，锯条出现了明显前后往复移动。仔细检查锯条，看是否有裂痕。

（3）开机后，机身抖动严重。检查上下轮是否处于同一垂直面，检查轮毂上的皮带是否老化。

（4）切割面非常粗糙。更换锯齿更密的锯条。

注意事项：

（1）木料推进过程中，手指不能置于锯齿正前方。

（2）木料进行曲线作业时，要考虑锯条的宽度以及最大转弯幅度，严禁强行转弯，否则会造成锯条断裂，电机卡死。

（3）锯条的松紧度要合适，过松影响切割效率，容易产生杂音，过紧容易影响锯条寿命，导致锯条断裂。

3.2.7 雕刻机牙机

选备

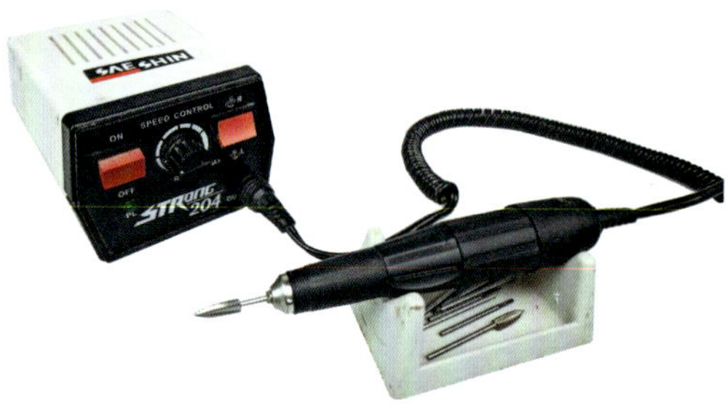

用途：雕刻小型木偶，对材料进行塑形处理。配合不同刀头，可以实现去料、打磨、抛光、钻孔、切割等作业。

特点：需要匹配不同雕刻刀刀头和打磨头使用。单手使用，容易操控。一般可以进行调速设置，配合不同转速的作业需求。牙机，将雕刻作业的技术难度降到了很低，可以大大提高塑形作业的效率，对零基础想做木雕的小白非常友好。

选购事项：

（1）入门机推荐韩国品牌世新 204+102L 手柄，价格在 400～600 元区间。

（2）打磨手柄的夹头一般分为 3.0mm 和 2.35mm，这个要跟雕刻刀头的柄径保持一致。推荐直接买 3.0mm 夹头，然后配套一个 2.35mm 的转换套，这样一台机子可以适应两种柄径的刀头了。

（3）初期购买刀头不要盲目，先选木工球刀和三刃尖刀，每个款式大、中、小号都买，打磨配件也需要选备，等后期机器操练熟悉后，根据加工需要再挑选其他种类刀头。

操作方法：

（1）球形刀和三刃尖刀都有对粗料进行打胚塑形的功能。打胚，就是对木料进行快速粗糙去料切割，让木料呈现出一个大致的木偶轮廓的过程。通常球形刀适应的雕刻环境更广，可以通过大小球形刀，快速去料，再用三刃尖头修平木偶表面的刻痕。三刃尖刀，刀头越小，刀刃越接近直线，其修平效果越好。

（2）配合打磨组件，可以高效、快速完成木偶表面粗磨到细磨的工作。打磨是木偶制作中非常重要的一个环节，其中包含的方法和技术很多，鉴于篇幅限制，这里不展开介绍，建议读者自行在网络上寻找资源学习。

（3）一般来说，右手手持打磨手柄，左手固定木料。右手的大拇指、食指、中指负责夹住手柄，而小拇指和无名指负责抵住木料，承担支点的作用。如果没有支点，雕刻刀在去料过程中，非常容易跳刀，刀路走偏，甚至会伤害到左手。所以，建议初期学习者左手戴好非线手套进行木料固定。

常见问题和解决方案：

（1）雕刻刀刀头出现跳刀，不能在木料表面平稳作业。检查雕刻过程中，小拇指无名指是否提供了支点。空转刀头，观察刀尖转动是否稳定，同心度是否高，如果出现虚影，说明该刀头本身出现偏移，建议更换刀头。

（2）去料太慢。打胚环节，可以根据情况使用大球刀进行去料。去料时，让刀头尽量沿木料生长方向下刀，木料横截面去料速度会慢于顺截面。去料过程中，不能过于用力下压刀头，应根据刀头转速，刀头大小，木料硬度，木料部位，循序渐进地切割。

注意事项：

初学者，左手可佩戴一只非线手套，固定木料。

3.3 手动工具

3.3.1 雕刻刀

选备

在使用雕刻刀的时候，应该佩戴好防切割手套，尤其要保护好持握木料的那只手。

款式：横手刀、平刀、圆刀、v 型刀。

用途：雕刻小型木偶，可以实现木料粗糙打胚和精细处理。

特点：不同刀型需配合不同的使用方法，应对不同的处理场景。与牙机相比，手工刀具的加工效率较低，对操作者的技术要求更高，但可以做出更自然的质感和多样的风格。

木偶雕刻是一个非常系统且技术含量很高的工作，需要初学者保持耐心，不断练习，循序渐进。本书因涉及知识点太多，对雕刻部分只做简单分享，更多信息可以通过其他渠道研究学习。

选购事项：

初学者不推荐购买套装，可以先单独入手推荐的 4 款刀，选择中间型号。每把刀的售价，可以选择 30 元以上的，不必盲目追求高价位的刀具。在这个阶段，应该先熟悉刀的使用方法，木料的特性和加工性能，等后续技术稳定以及创作需要的时候，再逐渐升级和扩充刀具配置。

使用方法：

（1）横手刀其主要是用来快速切削木料，截断木料。左手固定木料，右手直接握住刀柄，刀口朝外，依靠胳膊和手臂的力量，向外切削。横手刀的应用范围很广，在粗糙打胚阶段，后期精细加工环节都会用到。其手法也分很多种，这里简单介绍几种手法，更多详细资料建议寻找网络资源。

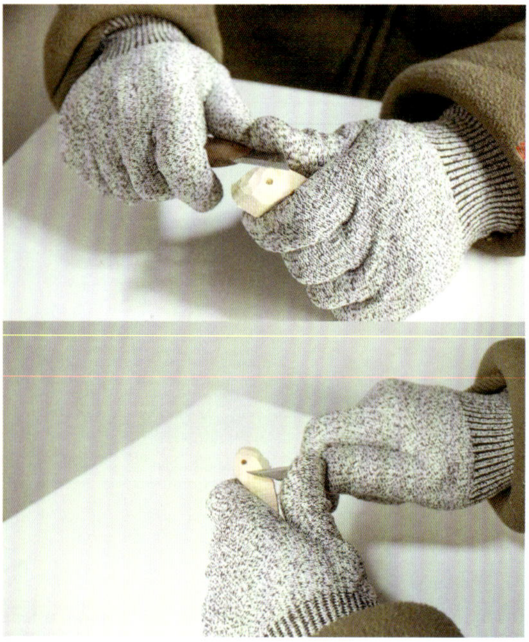

第一种，左手固定木料，右手横向持刀，刀口朝外，左手大拇指顶住刀背，辅助右手缓慢向前切削。这种主要适合加工细节，少量切割塑形。

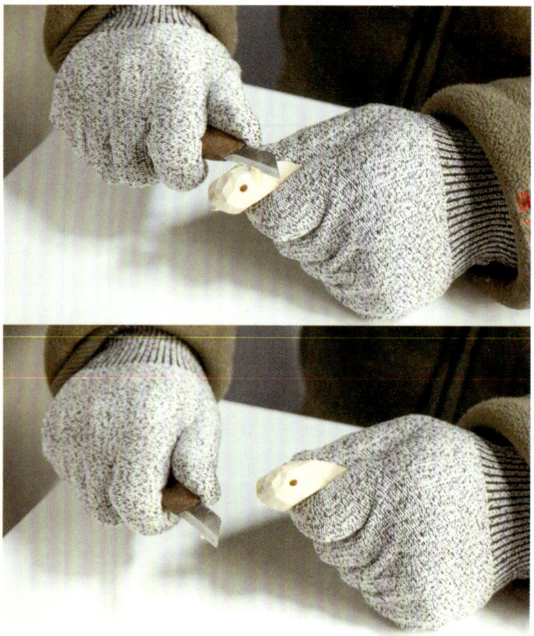

第二种，左手固定木料，右手横向持刀，刀口朝外，自后向前切削木料，这个动作有点像削切铅笔。适合木料造型初期，快速切削出木偶轮廓。

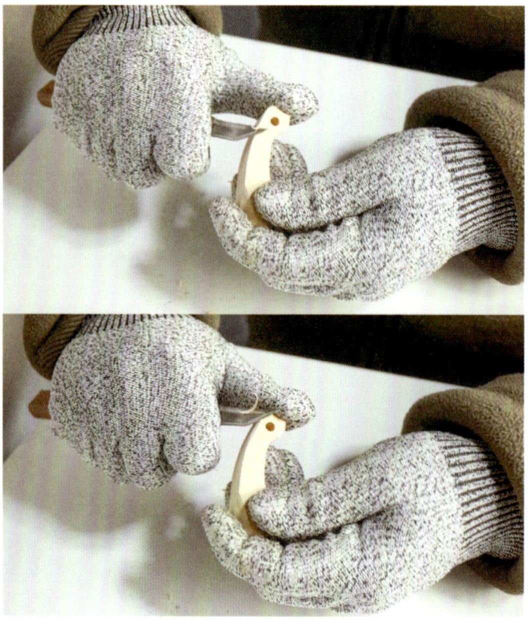

第三种，左手固定木料，右手横向持刀，刀口朝内，自前向后缓慢切削。建议右手佩戴防割手套操作。这种主要适合弧形内侧雕刻。

第四种，左手固定木料，右手持刀，刀口朝内，左手大拇指顶住右手大拇指。右手以左手大拇指为支点，缓慢朝内切割。主要适合对一些细小空间需要谨慎处理的地方进行雕刻。

第五种，左手固定木料，右手持刀，刀身与木料垂直，直切入木头内。这种主要是做直线开槽或者做直线造型前的截止线处理。

（2）平刀的使用：这里的平刀，一般指版画雕刻的小型平刀。主要是对木料表面进行精细切割作业。其用法如图（新手注意佩戴防切割手套）。

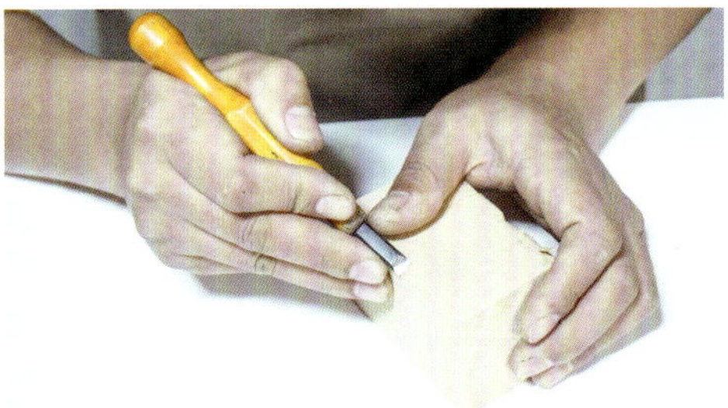

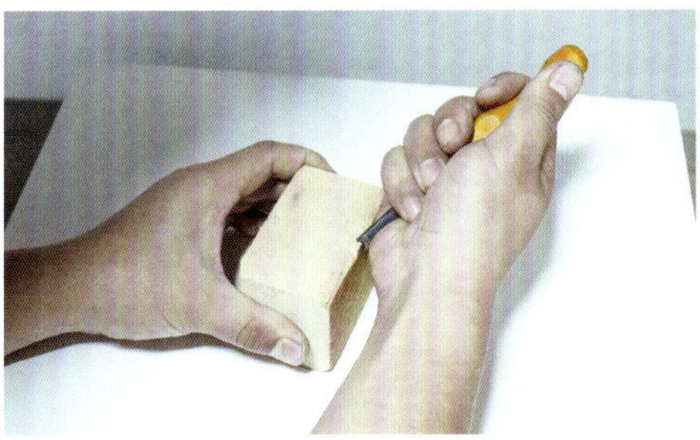

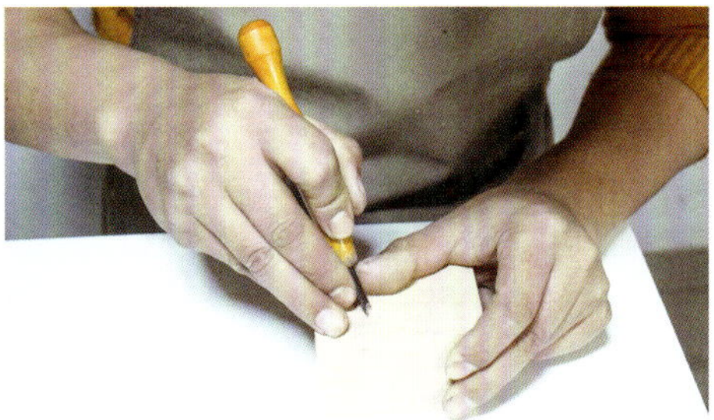

圆刀，主要是用来快速去料作业，也可以用在初期造型切削阶段。

v 型刀，主要是用来刻画细槽，画线。

我们初期匹配这几把刀就够用了。刀子在使用中，越锋利就越安全。钝化的刀子，容易损伤木料，错误发力，增加制作难度，所以在每次使用前，最好是采用磨刀石进行简单打磨。关于打磨雕刻刀，这里就不展开了。网上有很多详细的资料，需要自己长期练习掌握技巧。

关于更多小木偶雕刻方法，可以在网络上查到很多教学视频资料。

常见问题和解决方案：

（1）去料困难。主要从 3 点考虑，一个是刀头变钝，需要打磨，再一个是木料硬度高、木料切割部位为横截面，其本身处于难加工部分，需要多次少量地去除余料，再有就是初学者手指力量小，后续需要经常练习，加强刀柄的操控力度。

（2）木料切削过程中，出现劈料损坏。不管什么刀，在对木头加工时，应该顺应木纹理方向，自外侧向内斜切进去，如果进刀方向相反，就会容易出现木料纤维被劈开、撬开状况。

注意事项：

初学者在操作过程中，固定木料的手应佩戴好防切割手套。右手在进行刀头朝内的切削时，也需要佩戴手套。

3.3.2 钳子

必备

1　　2　　3

款式： 1 尖嘴钳、2 圆嘴钳、3 斜口钳。

用途：

（1）尖嘴钳适合对金属丝进行弯曲造型处理。

（2）圆嘴钳主要是制作金属连杆时，加工出圆圈造型。

（3）斜口钳，主要是对金属丝进行截断处理。

选购事项：

一般来说，价格和质量成正比，经济充足尽量选择好点的。

3.3.3 测量及绘图工具

必备

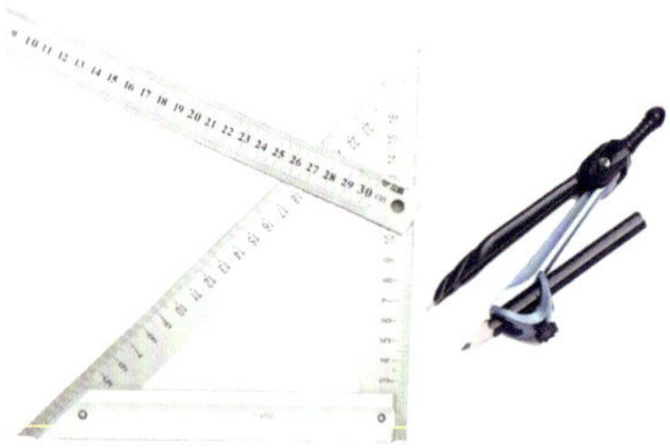

种类： 直角三角尺、直尺、卡尺、量角器、圆规、铅笔、转笔刀、橡皮。

选购事项： 尽量挑选大品牌的尺子，精准度会更高些。

3.3.4 桌面活动台钳

选备

种类： 分轻型和重型，初学者一般选购轻型，桌面快拆级别就可以了。

用途： 主要对一些零部件进行位置加固，然后辅助零件切割、打磨、钻孔等。

3.3.5 手工拉花锯（线锯）、手工锯

选备

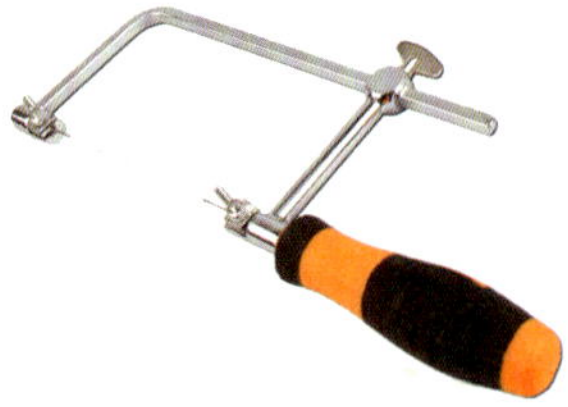

用途： 当没有电动拉花锯，或者电动拉花锯不方便切割的作业时，可以使用手动拉花锯完成作业。

当没有电动切割工具时，可以使用手工锯完成木料的直线切割。

3.3.6 锥子

必备

用途：主要用来木料钻孔前，扎孔定位。

3.3.7 除尘刷

必备

用途：清理桌面木屑、垃圾。

3.4 适合家庭、学校的材料及相应工具

本部分介绍了适合在家庭、学校等非木工专业场所内使用的材料及配套工具，可供参考。

3.4.1 硬纸板或200g以上厚卡纸

耗材：直径2mm、4mm桦木棒

502胶水（快速黏合）

白乳胶（缓慢黏合）

胶棒（缓慢黏合）

子母扣（可用作旋转关节的固定）

双脚钉（可用作旋转关节的固定）

手掌大小的飞机盒（用来充当机架）

工具：美工刀、切割垫、手工剪刀

斜口钳（用于截断木棍、铜棒）

锥子（配合钻孔使用）

直径1mm铜棒（制作连杆，摇杆）

30cm直尺、直角三角尺、量角器圆规、铅笔、橡皮、彩色马克笔

3.4.2 加硬雪弗板

耗材：厚度3mm的白色加硬雪弗板

直径2mm、4mm桦木棒

雪弗板专用胶水（快速黏合）

子母扣（可用作旋转关节固定）

工具：重型美工刀、切割垫

手工拉花锯（曲线锯）或者电动 拉花锯（用来切割曲线造型）

斜口钳（用来截断木棍、铜棒）

手 捻 钻（配 合 1mm、2mm、3mm、4mm、5mm麻花钻头）

直径1mm铜棒（制作连杆、摇杆、关节轴使用）

30cm直尺、直角三角尺、量角器、圆规、铅笔、橡皮、彩色马克笔

3.4.3 软泥、石塑黏土

耗材：软泥或者石塑黏土（用来制作人偶和部分机械零件）

直径1mm、1.5mm铜棒或者铁丝（制作骨架）

工具：斜口钳（用来截断金属丝）

尖嘴钳（用来给金属丝做造型）

泥塑工具刀

丙烯颜料及笔刷

说明：该材料更适合做木偶部件、装饰部件、Automata框架及机械零件部分可以借用前两种材质的工具耗材。

第四章

制作工艺的学习

自动机的零件可以分为三类：表演部件、机械零件、框架。每个部分对应的加工技术和材料要求都是不同的。所以，这一章的学习，你需要更多的耐心和信心。

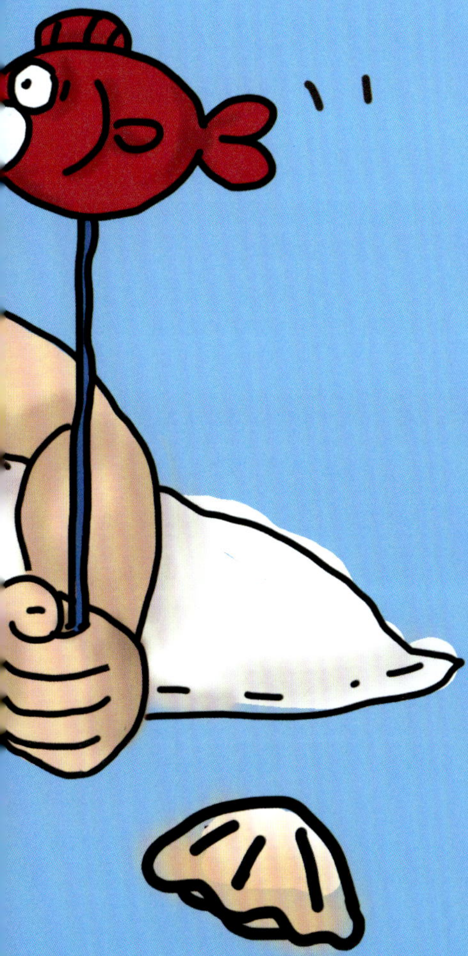

4.1 认识木材的特性

我们这本书主要是以木质 Automata 作为制作示范，所以需要先了解木材的特性后，再结合机械设计的要求进行加工。我们将从以下四个方面去了解木头。

4.1.1 如何根据木纹理方向来加工木头

木材比金属更容易断裂，所以，我们首先要学会如何最大限度地利用木头的强度。我们找来一块木板先看一下它的构造，如图。

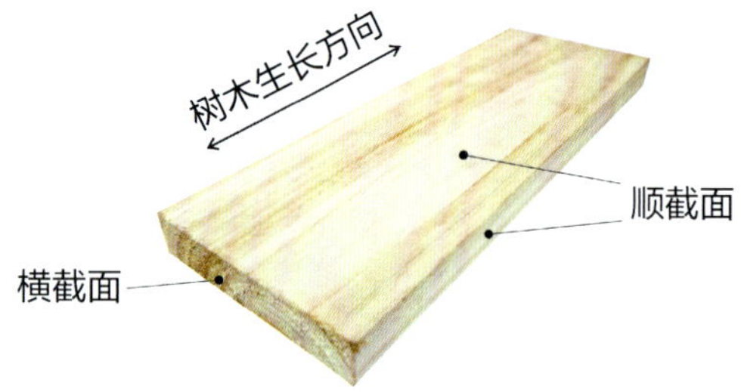

我们知道树木都是朝上生长的，木纤维纵向排列，相互紧凑地组合在一起。如上图，顶面和顺截面就是我们沿树木纵向切割出来的剖面，横截面就是横向切割树木所在的面。我们现在要找到这块木头承受力最强的使用方法。

方法 1：如图，当我们面向木纤维排列方向，对其左右两侧用力时，木板纵向中间部分将受到来自两侧的压力。一整块木板中，中间的木纤维集中受力，所以这一中线部位的机械强度就比较弱，非常容易产生裂痕，甚至断裂。

方法 2：如图，当我们面向木纤维排列方向，对其前后两侧用力时，木板横向中间部分将受到来自两侧的压力。这个时候，整个木板的木纤维都团结起来，对抗两侧的压力，所有横向中间部位其机械强度就相对较强，可以承载更大压力，不容易断裂。我们常说的，一根筷子容易断，一把筷子不易断的例子，就是通过增加木纤维数量，来提高整体的机械强度。

所以我们在使用木板制作框架、零件、木偶的时候，要参考木纹理的走向进行加工，从而保证木质部件拥有最佳的机械强度，不易断裂。

以下几个图，是我们制作木质部分时，为保证最佳机械强度的正确用法。箭头方向为木纹理纵向方向。

木偶

错误

正确

框架

零件

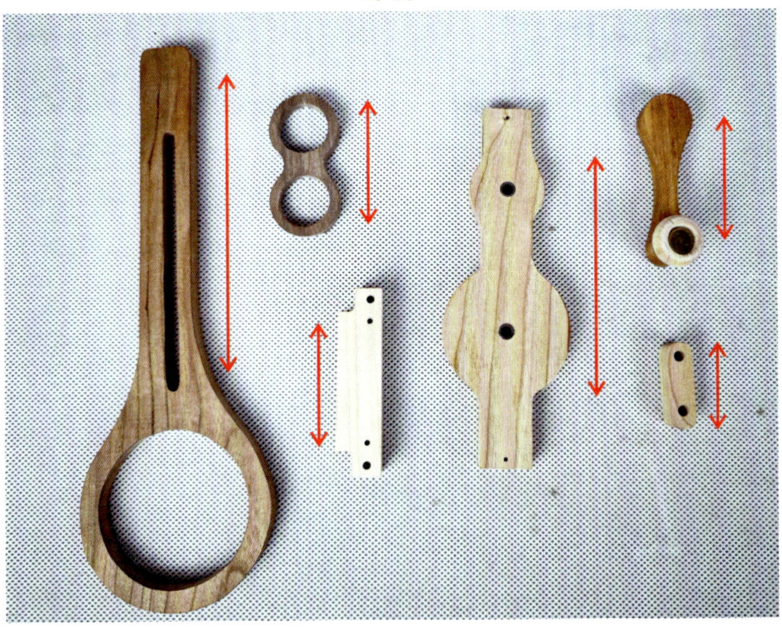

4.1.2 如何减少木头胀缩对机械设计的影响

木头由一根根纤维组成的，从树上被切割下来后，纤维里面还保留着一定的水分。这有点像一块蓄水的海绵，在放置的过程中，它不断地挥发水分，体积会缩小，也因为空气湿度的增加，体积会增大。简单来说，一块木头的形状在彻底稳定前，会一直受空气湿度和温度的影响。湿度大、温度高时，木头体积容易膨胀，反之则容易收缩。理解了这一点后，我们就知道了，用木头设计机械结构需要注意的就是木质零件的间隙。

例如，下图中的 A 木条在一个木质凹槽里，围绕一个固定轴做前后摆动运动。木条与凹槽之间的间隙就不能太窄，为了保证灵活性，也避免未来木头膨胀造成的卡顿，这个间隙最好控制在 1～2mm 之间。

再如，两个木质齿轮在其相互咬合的状态下，间隙最好控制在 2mm 左右，并不需要非常紧密。

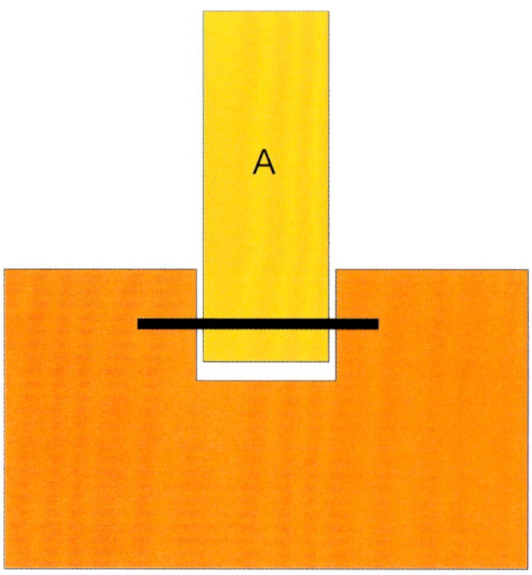

4.1.3 不同硬度的木头适合制作不同的机械零件

生长越慢的木头，其密度越高，硬度越高。我们所熟知的大部分红木家具用料，以及部分果木的硬度都非常高。

硬度比较低的木头，比较适合作为手工雕刻小件的木料，比如椴木、杨木、柳木这些都可以作为初学者练手的木头。硬度比较高的木头，比如硬枫木、白蜡木以及常见的各种檀木，都比较适合做齿轮等造型复杂，又对稳定性要求高的零件。而框架部分的木料选择范围比较大，只要不是太软的木料，其实都可以尝试使用。

4.1.4 合理利用木头颜色纹理提高作品质感

这里我展示了几种我曾经用过的木头。一半是原木色，一半是涂抹木蜡油后的效果。这些木头在打磨之后，颜色和质感都得到了提升，我们可以根据木头本身的色彩特性来搭配到 Automata 制作中去。以下展示图片中，右侧为涂抹木蜡油后的效果。

俄罗斯椴木

加拿大硬枫木

北美黑胡桃木

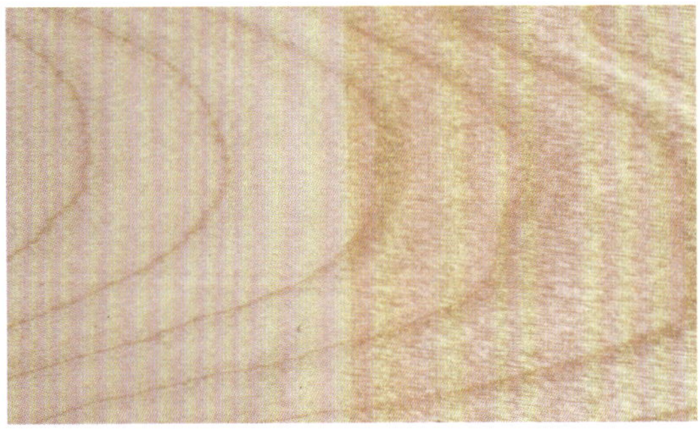
桦木

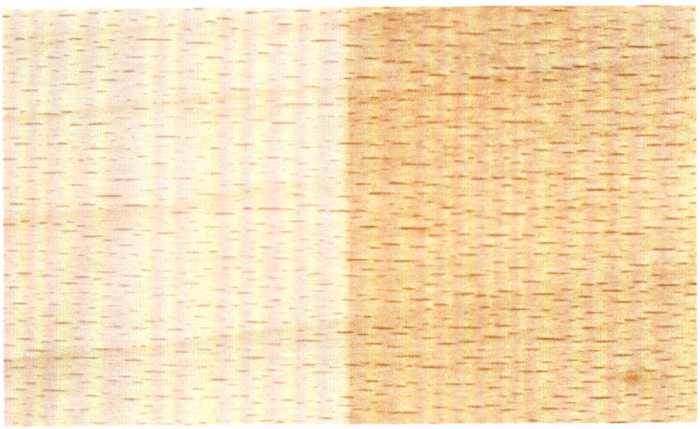
欧洲榉木

小巴花木

北美樱桃木

榆木

4.2 机械零件的制作

4.2.1 平面齿轮的制作

第一个要解决的问题，怎么画齿轮？

我整理了一些经常用到的齿轮图案，放到了本书附录中，可以临摹使用。同时，这些图案也放到了木机山工作室的公众号里，支持免费下载，直接用A4纸打印就可以使用。如果你会solidworks等工程类软件，也可以自己设计齿轮。

解决完齿轮图案的问题，我们接下来讲一下木质齿轮的制作。

（1）先将所需的齿轮图案打印出来，然后用剪刀将齿轮图案剪下来。

（2）选择一块6～10mm厚的木板，用胶棒将齿轮图案贴到木板上。

（3）等图案干透后，用锥子先在齿轮中心做定位，打个小坑。

（4）然后用台钻对准定位进行钻孔。这里提醒一下操作顺序，一定是先钻孔后切割，防止切割后钻孔失误带来的无效付出。

（5）然后，我们上电动拉花锯，沿着齿轮图案边缘线进行切割。

（6）切割出来的齿轮，如果有条件用砂带机将纸质图案打磨掉，如果没有砂带机，可以将120目的砂纸铺在桌面上，让齿轮在上面反复摩擦，去掉图案。然后再用240目的砂纸打磨光滑。

（7）这样一个齿轮就完成了。

此方法也适合棘轮、圆轮的制作，这里就不再展开介绍。

4.2.2 钉轮的制作

钉轮也是借助前面提到的软件设计的，其设计方法和常用的图片都已经放到了公众号里，可以查看。

接下来，我们讲一下钉轮的制作方法。

（1）将设计好的钉轮图案打印出来，然后用剪刀剪下来，再用胶棒将图案粘贴在厚度为8～10mm的木板上。

（2）接下来，我们用锥子将需要打孔的位置（如中心孔、打钉子的孔）扎出小坑，做钻孔定位用。

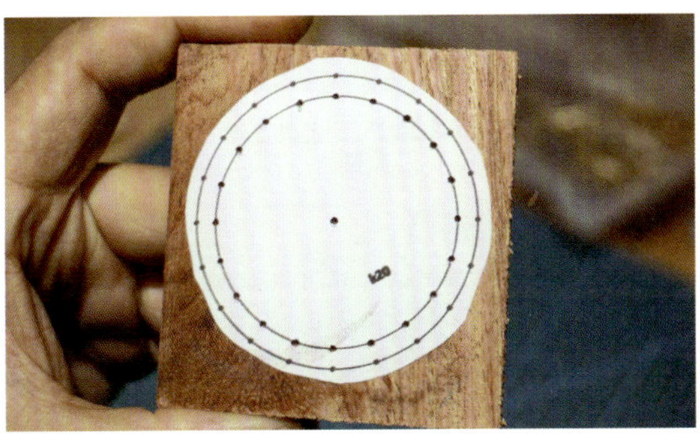

（3）然后，我们将木板放到台钻上加工。这里钉子的打孔，我采用2mm的钻头，钻孔深度为木板的3/4位置。中心孔作业选用与旋转轴直径相同的钻头。

（4）接下来，我们用带锯或者电动拉花锯将钉轮的外沿部分切出来，有砂带机的可以用砂带机打磨一下侧面，没有的用手持砂纸打磨也行。再将纸质的图案打磨掉。

（5）接下来，我们找来一块厚点的木块，在它的侧面标记一个深度。这个深度的距离等于钉轮上的钉子深入木板的长度加上露出木板的长度。

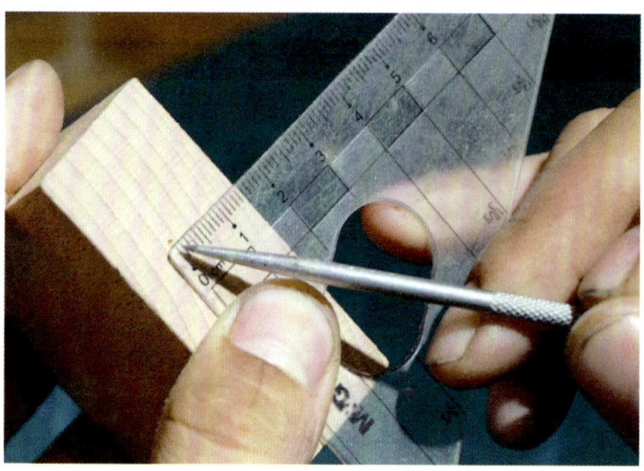

（6）然后，我们上台钻，采用3mm的钻头，按照限定的深度进行钻孔。

（7）接下来，我们找来直径 2mm 的铜棒，插入孔洞里面，然后用斜口钳剪裁出所需要数量的钉子。

（8）剪好的钉子，安装到台钻或者小车床上，用小锉刀将末端打磨成锥形，这一步也可以省略。

（9）接下来，我们在钉轮的每个孔洞里滴少量胶水。

（10）然后用锤子将钉子一根一根地植入。

（11）反面敲打，直到钉轮的钉子都处于同一高度。

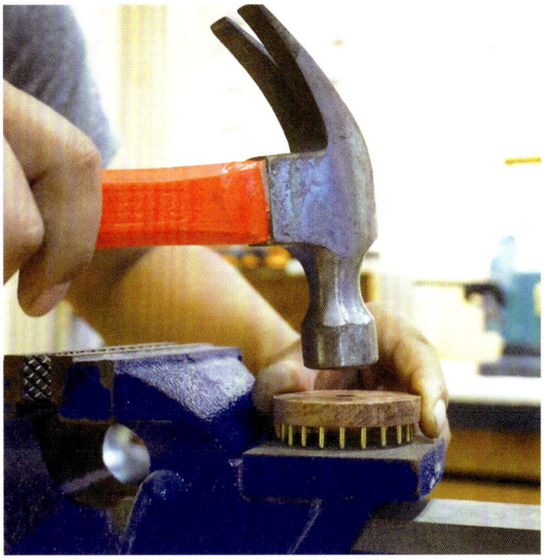

（12）大功告成。

提示：如果你觉得自己剪裁钉子比较麻烦，可以直接去网络购物平台搜索“销钉”，选择直径 2mm 的铁棒使用就行。

4.2.3 传导杆的制作

我们在前面讲到异形凸轮组时，提到传导杆的作用就是将凸轮上的曲线读取出来，然后通过连杆或者线传导给木偶的活动关节。

传导杆在制作上有以下 4 种形式：

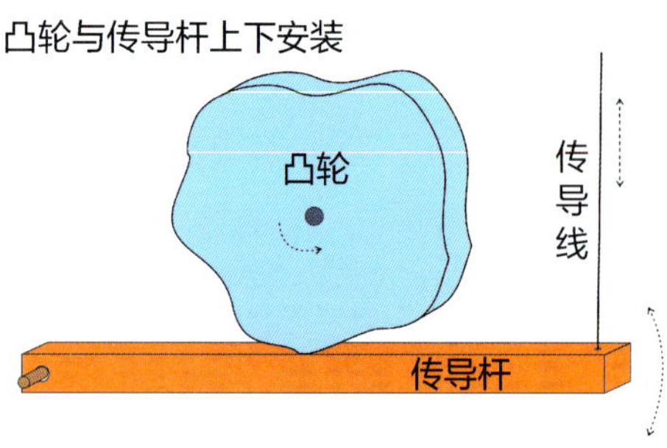

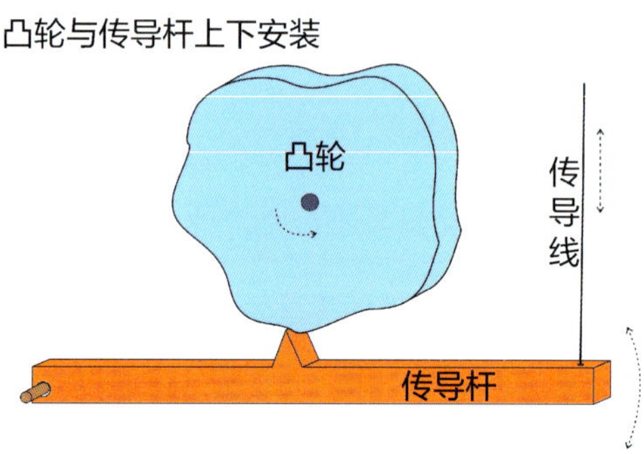

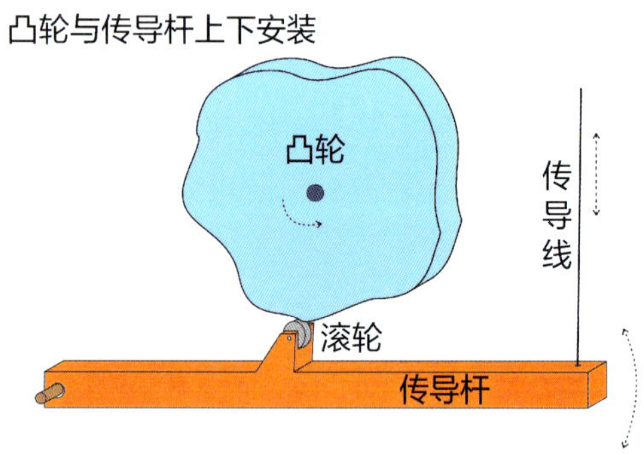

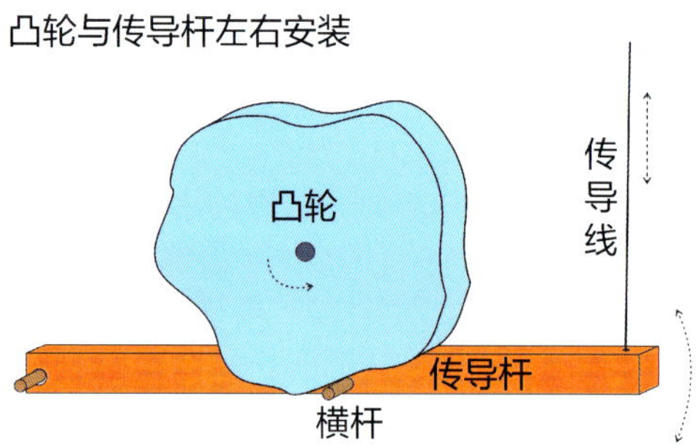

其结构简单，制作也非常容易。我们要根据凸轮的实际需要匹配传导杆。这里展示一下其中一种的大概流程。

（1）我们找来一块与凸轮厚度一致的木板，顺着木纹理的方向，画出传导杆的形状。然后确定左右两端钻孔的位置以及钻孔的直径。

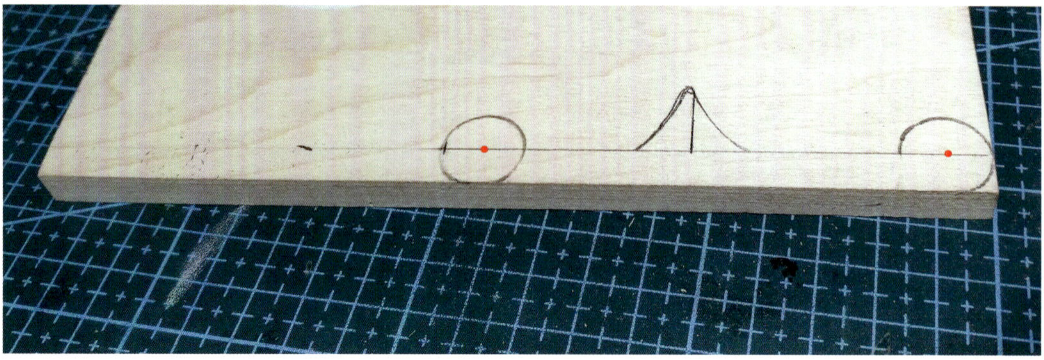

（2）接下来，先上台钻钻孔，然后再用拉花锯将图案切割下来。如果你想将传导杆与木偶之间的连杆置于传导杆的中间部位，也可以像我一样，用小台锯在传导杆的中间位置切割出一道凹槽。

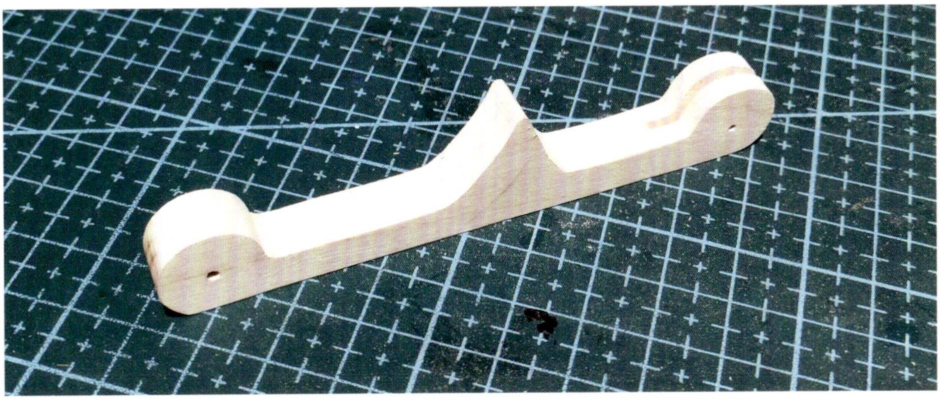

需要注意的是，凡是这种带有凸起鸟喙的传导杆，其末端的受力都要控制到很小才行。末端受力太大，会大大增加传导杆与凸轮间的阻力，导致结构运行卡顿。

4.3 木偶的制作

4.3.1 板式木偶的制作

板式木偶，顾名思义就是木偶的形状是由一个一个造型各异的小木板、木块组合构成的。这种木偶造型简单，加工方便，并不涉及太多的雕刻，所以也是最容易上手的木偶制作方式。

这里，我们以一个简单的作品来作为讲解案例。

斑马与豹子

准备工作：

工具：台锯、台钻（匹配 4mm、4.5mm、8mm、8.5mm 钻头）、电动拉花锯、尖嘴钳、剪刀、手钻（1mm 钻头）

木板：长 20cm × 宽 10cm × 厚 1cm 4 张

木棒：直径 8mm × 长 20cm 1 根

直径 4mm × 长 20cm 1 根

耗材：钢丝 铝管（可以用绳子替代）

4mm 橡胶圈 5 个

羊角钉 6 个

砂纸（240 目） 1 片

丙烯颜料（白色、黑色、黄色、绿色、红色）

笔刷（尖头、平头各一支）

502 胶水

铜棒 4cm 长 1 根

制作步骤

（1）将 4 块木板，分别标记 1、2、3、4 号。其中 1 号木板上，画出一个长 15cm 宽 3cm 的矩形。在矩形里画出草的轮廓，在一旁画出一个豹子头。

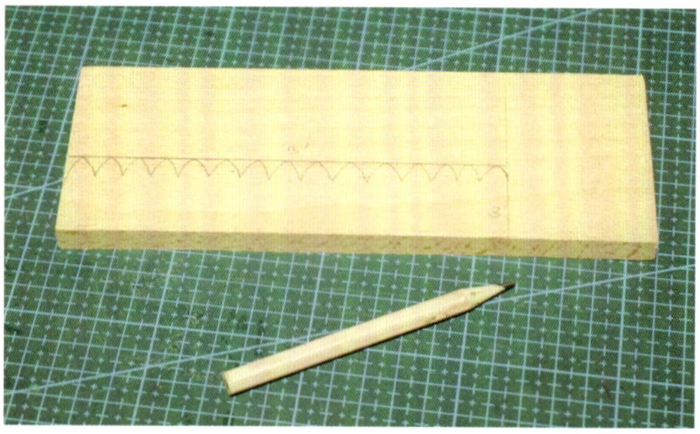

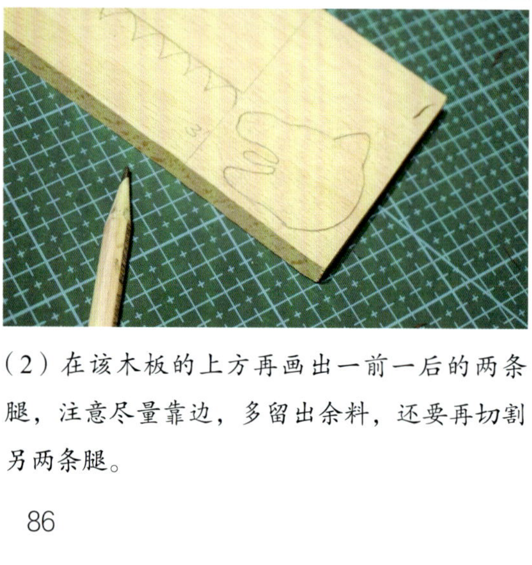

（2）在该木板的上方再画出一前一后的两条腿，注意尽量靠边，多留出余料，还要再切割另两条腿。

（3）找到 2 号木板，在上面画出一个斑马身子。

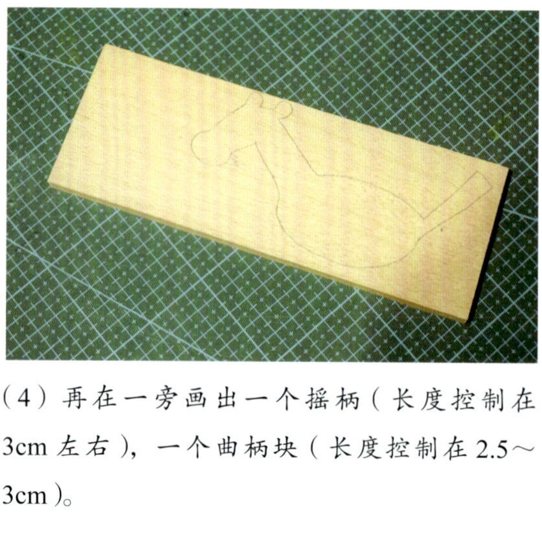

（4）再在一旁画出一个摇柄（长度控制在 3cm 左右），一个曲柄块（长度控制在 2.5～3cm）。

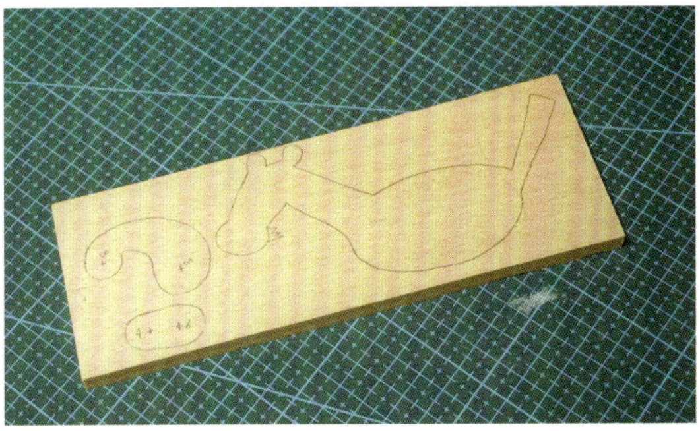

（5）找到 3 号木板，将其顺切出两个长 20cm 宽 3cm 的木片。

（6）再将2张木片切割出8个边长为3cm的小木片，剩下的一根长木片做支撑杆。这里切割采用加垫靠山的方法。

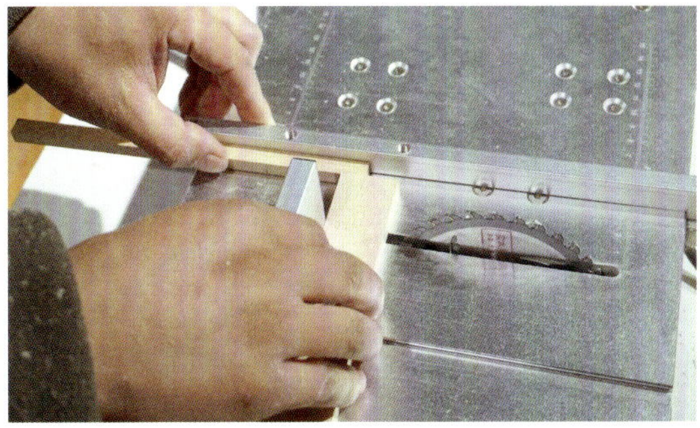

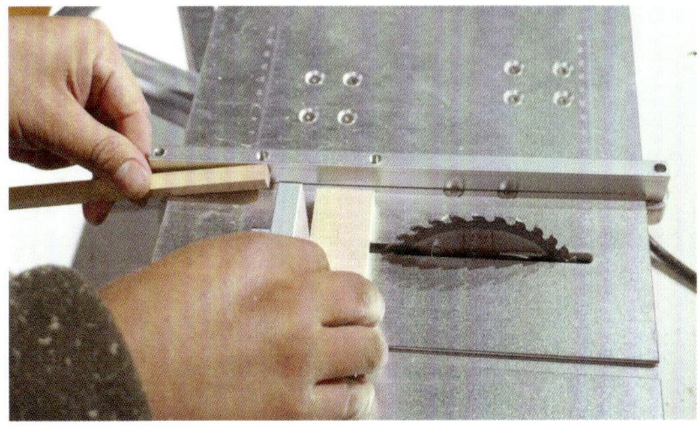

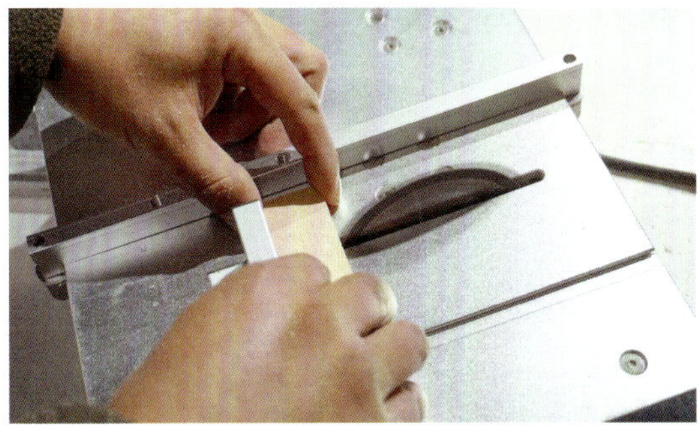

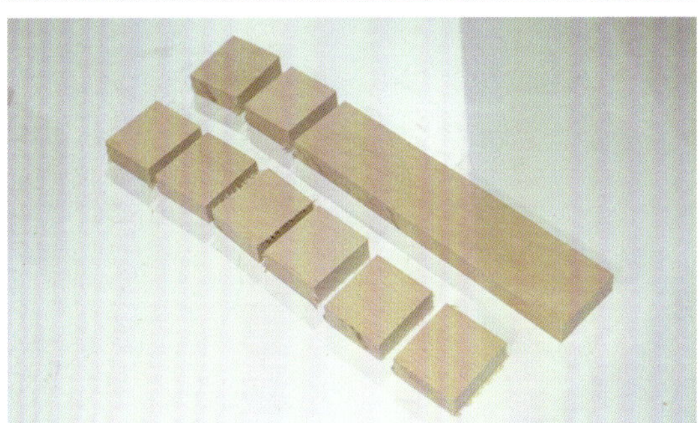

（7）用砂纸将所有木片棱角打磨，去掉毛边。

（8）每4个小木片为一组，一共2组，用胶水粘到一起。

（9）找到支撑杆木板，一组木片，有草图案的木板。按要求进行铅笔标记。

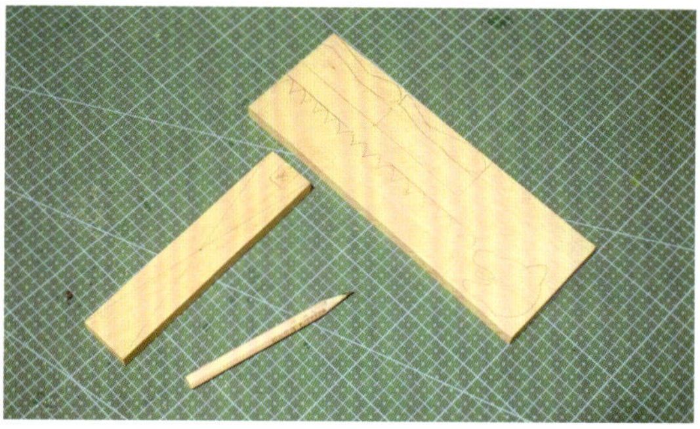

（10）找到支撑板和4号木板，将支撑板立于4号木板的中间位置，用铅笔沿接触边缘做标记，标记的矩形是准备做镂空的，将支撑板插入4号板。

（11）用电动拉花锯，将草、斑马、腿、摇柄、曲柄块、豹子头、支撑板的插口、底板的镂空矩形全部切割出来。

（12）这里开始底板镂空的作业，我们需要先在镂空的部位打个 8mm 的孔，然后再用拉花锯切割。

（13）我们将切割出的两条腿再放到之前的余料上，用铅笔沿接触部位做出标记，然后用拉花锯切割出来。

（14）切割好的造型，统一用砂纸打磨边缘，去掉毛边。

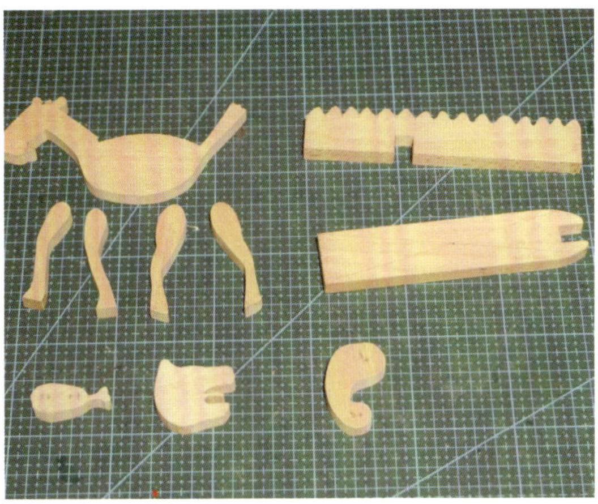

（15）对所有要打孔的部位进行标注。

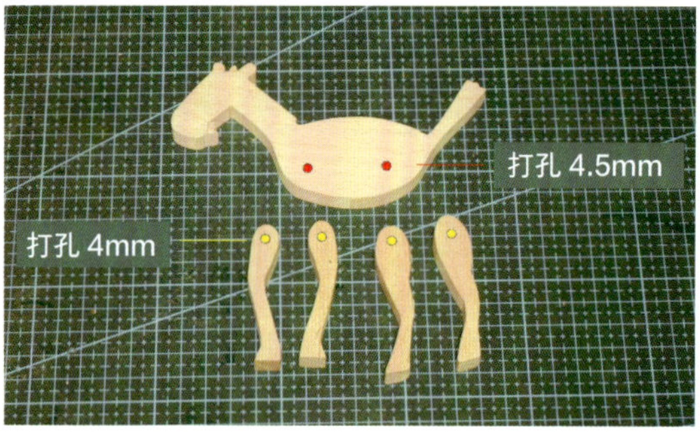

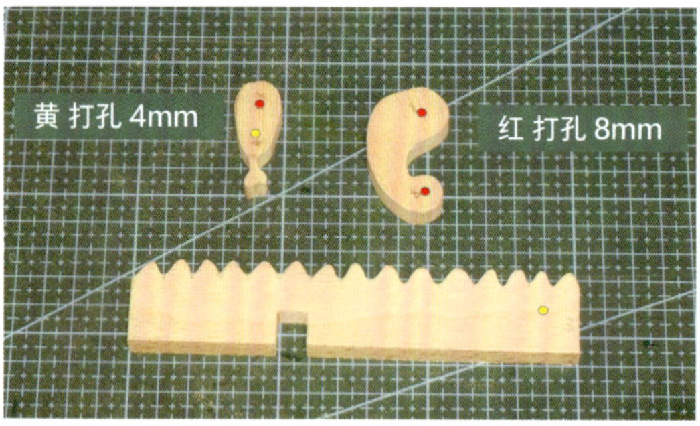

（16）开始上台钻钻孔。钻孔的时候，记得在木料下面垫块木板。

（17）钻孔结束后用砂纸，对各木块进行打磨。

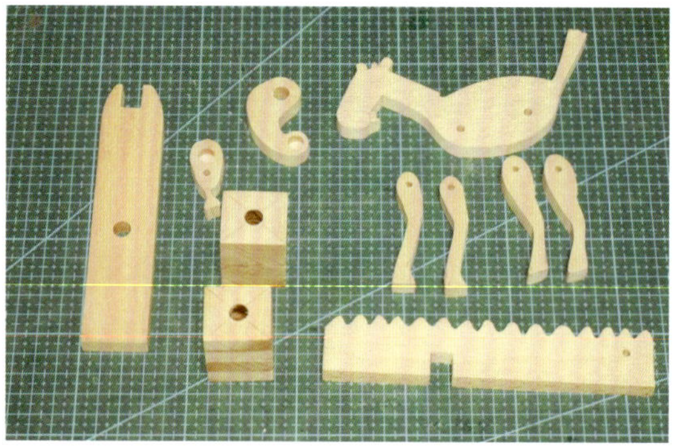

（18）取来一组小方块，一面上胶，然后插入一根直径 8mm 木棒，再插入支撑杆，将木块与木板进行黏合。

（19）在支撑杆另一侧，也用同样的方法，将另一个木块黏合。然后取出木棒。

（20）将支撑杆插入底座，然后找 1 根直径 8mm 木棒，插入中间孔洞，在左右各留 1mm 的情况下，做出切割标记。

（21）上台锯，将直径 8mm 木棒分别切出一根长 11cm 和一根长 3cm 的木棒。

将直径 4mm 木棒，分别切割出 2 根长 3cm、1 根长 4.5cm 的木棒。

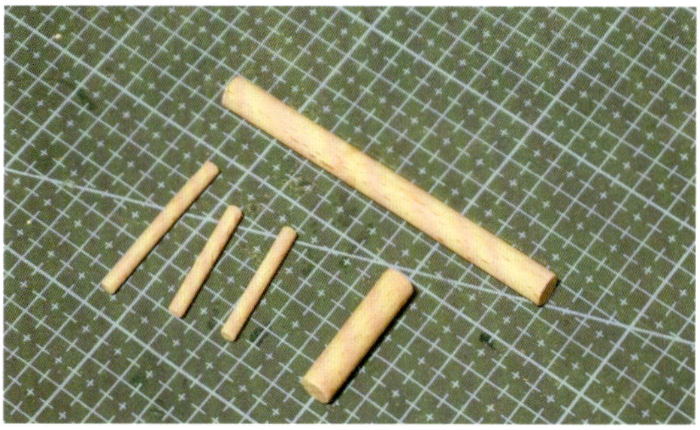

（22）将摇柄一端插入长 3cm 木棒。

（23）接下来，我们开始对斑马和豹子、草进行上色。这里采用的是丙烯颜料。我们先将丙烯取出一小部分，放入调色盘，然后加一点稀释液或者清水将颜料调制糊状。再用笔刷蘸着颜料一点点给木头上色。这个过程，需要等每一层的颜料干透后再涂抹一次，直到颜料颜色均匀。然后再上另一种颜色。

（24）接下来我们将前腿插上长 3cm 的木棒，后腿插上长 4.5cm 的木棒。

（25）然后将前后腿插入斑马身体，后腿在插入时，两条腿内侧各加一个直径 4mm 的胶圈。

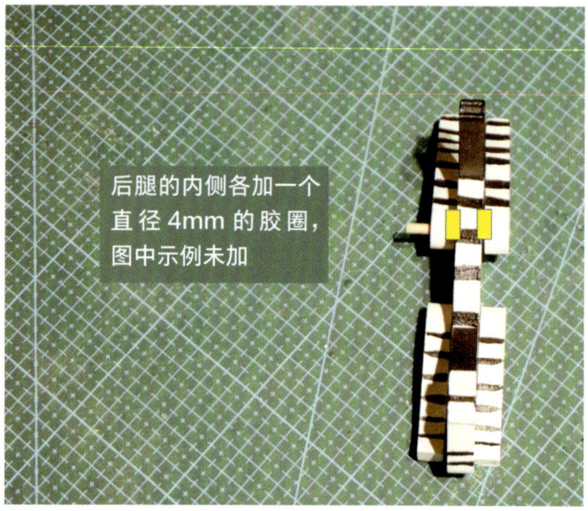

（26）将长 3cm 的木棒插入曲柄块。

（27）将另一根长 3cm 的木棒，插入草木块的后方，注意方向，是后方。

（28）将最长的木棒，插入摇柄。配合胶水。

（29）将曲柄安装到摇柄上。配合胶水。

（30）底板孔点上胶水，将支撑板插入底板。

（31）将斑马两个前腿内侧点上胶水，然后粘到草木板的前端，注意粘的位置，以后腿不超过槽位为准。

（32）用手钻装 1mm 钻头，在斑马右后腿上部，打一个小孔，然后安装一个羊角钉。

（33）在斑马的右前腿下方，草木板上打一个小孔，安装一个羊角钉，注意，打孔不要钻透。

（34）在斑马的头部下方，脖子处，打一个直径为 1mm 的孔，安装一个羊角钉。

（35）找出一块剩余木料，在上面打一个直径为 4.5mm 的孔，然后切割出一个长 2cm 宽 1cm 的小木块。

（36）在该木块一侧打 1.5mm 的孔，然后装一根长 4cm 直径 1.5mm 的铜棒。另一端在孔的一侧打直径为 1mm 的孔，安装一个羊角钉。

（37）在豹子头后面打一个直径为 1.5cm 的孔，然后将铜棒插进去。

（38）在支撑板的卡槽里点上胶水，然后将草木板插进去，固定。

（39）将豹子头组件插到草后部的木棍，然后外侧用一个直径 4mm 橡胶圈限制住。

（40）在支撑杆后面上部打一个 1mm 的小孔，安装一个羊角钉。

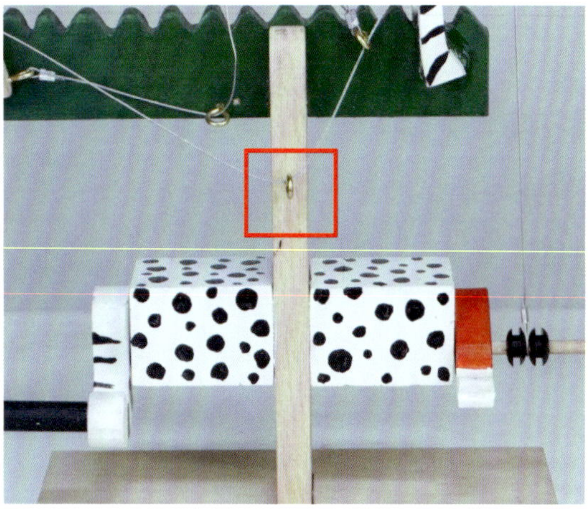

（41）接下来我们按顺序进行连线。在斑马正常状态下，用钢丝或细线连接 2 个羊角钉。红色部分。还是这个状态下，将曲柄的横轴转到最顶部，然后将脖子羊角钉和曲柄的横轴相连接。如图绿色部分。

（42）转动摇柄，让曲柄到达最底端（斑马后腿），抬起状态连接后腿与豹子木块上的羊角钉，该线还要穿过一个羊角钉。这个状态下豹子调整到后仰姿势。如图蓝色部分。

（43）最后，在上面这个状态下，羊角钉连一根线穿过斑马脖子上的 2 个羊角钉，另一端拴住豹子头后的铜棒。如图黄色部分。

（44）好了，现在测试一下是否能达到预设的状态。

我们来讲解一下这 4 根线的功能。

在这个图中，我们看到，当下拉 1 号线时，斑马的身子就形成了一个杠杆，头部下沉，屁股抬起。这个过程中，由于 2 号线的长度不变，就会拉动后腿进行旋转。这样斑马就完成了一个后腿上提的动作。

我们来看 3 号线。为了保证在斑马后踢的同时出现豹子头飞出的效果，我们需要用 3 号线将斑马的屁股和豹子后的木块连接。注意观察，木块上的羊角钉是在旋转孔的一侧，这就相当于豹子小组件也是个杠杆，一段被拉起，另一端就会反方向运动。

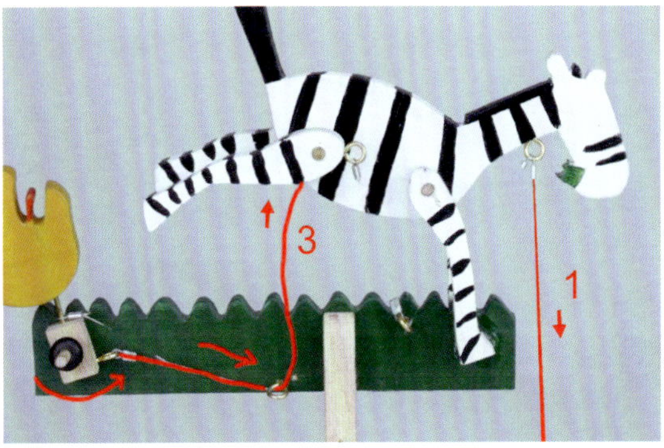

那怎样让豹子头复位呢，和上面的原理一样，我们将施力点反过来就行，就是让斑马拉动豹子头。

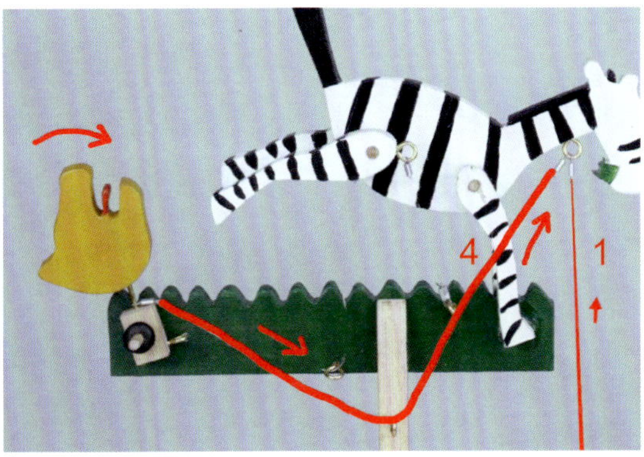

这里有个简图可以看一下。

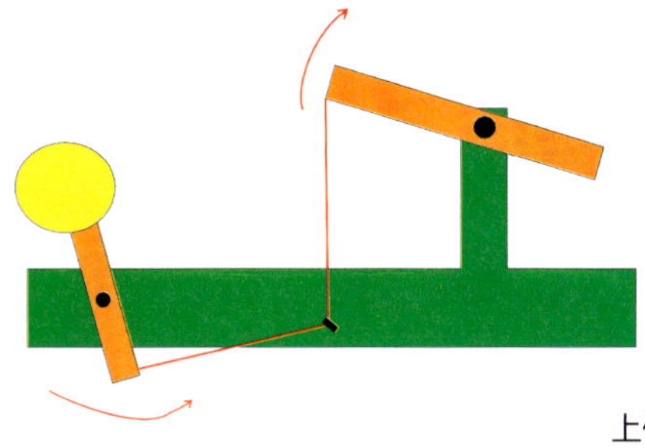

上仰

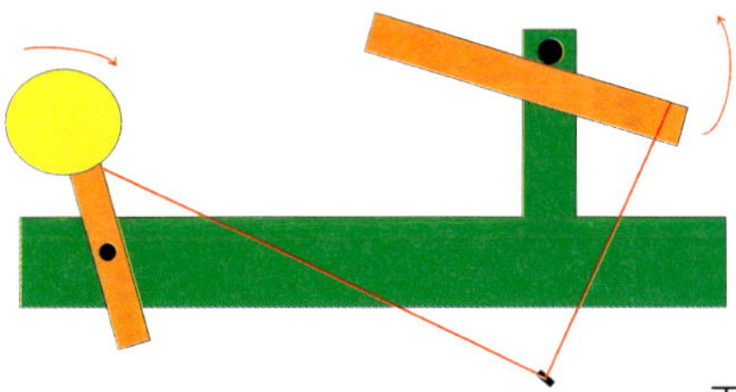

下沉

其实就是 2 个杠杆之间的相互控制。我们只需要控制其中一个杠杆就可以产生两个联动效果了，是不是非常巧妙呢?

这个结构里，主要借用了线的辅助，线在机械构造里有许多优点，它可以不限空间在任意方向传输，进行力的传送，某种程度上节省了很多立体零件的加工，在 Automata 设计里是一种非常高效的辅件。

机械，不是只有齿轮、杠杆，它涉及很多力学知识，说白了，整个机械的设计就是力的不断地传送和转化，以达到作用目的，这个过程中，可以借用的零件有很多，固态的、液态的、软的、黏性的等，所以大家要对机械有个新的认识：机械其实是很简单有趣的。

板式木偶的加工很简单，非常适合新手练习。如果想多了解和学习这种风格，我这里推荐两位擅长做板式木偶的 Automata 制作人：Peter Markey（英国）和西田名夫（日本）。

4.3.2 立体木偶的制作

制作立体木偶，一般会有两种加工方式，一种是使用雕刻刀纯手工处理，另一种是借助雕刻牙机进行处理。这一节，我们将结合刀具的使用方法，简单介绍一下立体木偶的制作过程。

当我们拿到一块木头时，我们需要先了解下刀技巧。正确的下刀顺序能保证切口的光滑干净，同时也能减少雕刻失败的发生次数。不管使用什么类型的刀，雕刻木头的时候都要遵循一个“自外向内”下刀的准则。这里我做了几张图，来方便大家理解。

图中展示了3种造型的木料加工方法，如果是自内向外下刀，很容易将木头撬开、劈开，造成雕刻失败。

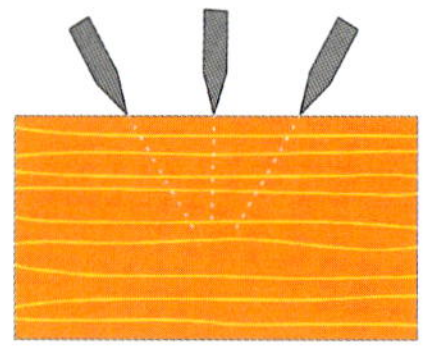

自外向内
正确的下刀方法1

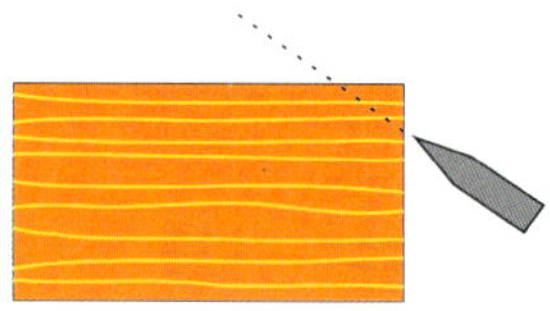

自内向外
错误的下刀方法1

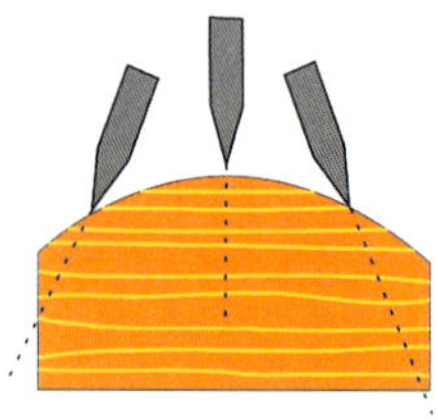

自外向内
正确的下刀方法2

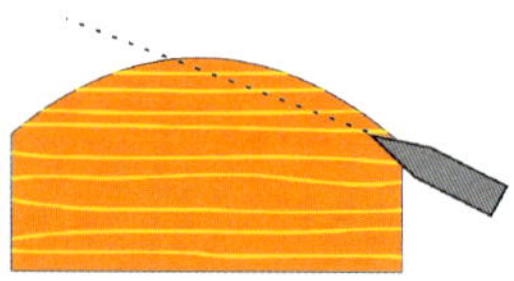

自内向外
错误的下刀方法2

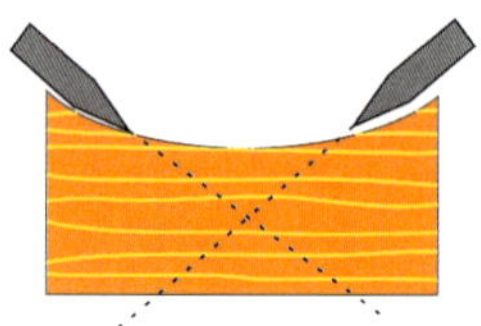

自外向内
正确的下刀方法3

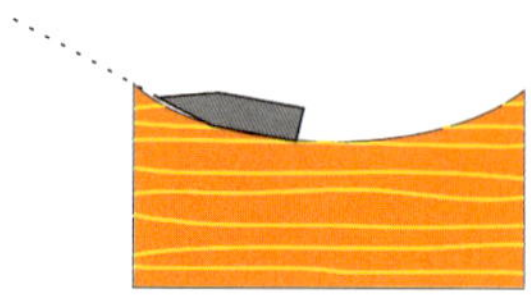

自内向外
错误的下刀方法3

理解了下刀技巧后，我们来以日本 Automata 艺术家西田名夫设计的《擀面狐狸》为参考，学习一下立体木偶的制作。

观看之前请牢记立体木偶加工的 2 个准则：先钻孔后雕刻，雕刻时自外向内下刀。

擀面狐狸

电动工具：台锯、台钻（4mm　4.5mm　6mm　6.5mm 钻头）、拉花锯

手动工具：横手刀　1 把

木料：椴木块厚 4cm　1 条

木块厚 4cm　1 条

木片厚 2cm　少量

木棒直径 6mm 长 10cm　1 根

木棒直径 4mm 长 10cm　2 根

耗材：502 胶水

240 目、400 目砂纸

水彩颜料

笔刷（平头、尖头各一只）

铅笔

橡皮

防切割手套

制作步骤

（1）先在椴木料上画出狐狸头部、身体、一只手、一只腿、尾巴的侧面轮廓。

（2）然后用带锯，按照标注的痕迹，将木料切成规整的木块。

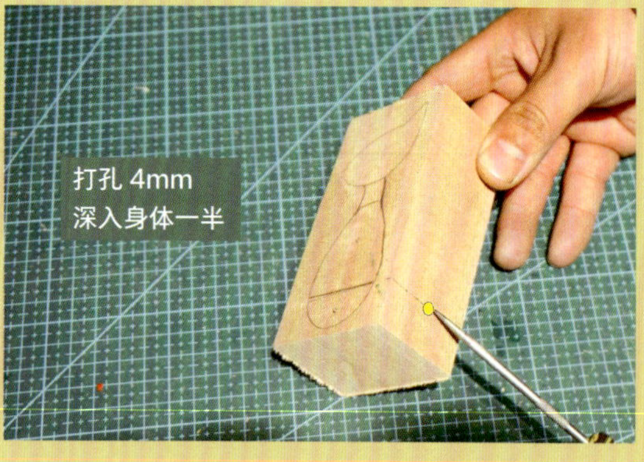

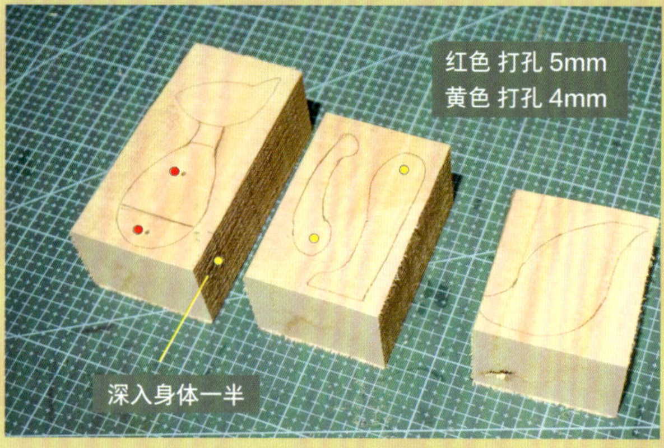

（3）对木偶各部位要打孔的位置进行标注。

（4）用台钻，对相应的部位进行钻孔作业。

在制作木偶时，一定要先打孔，后切割轮廓。

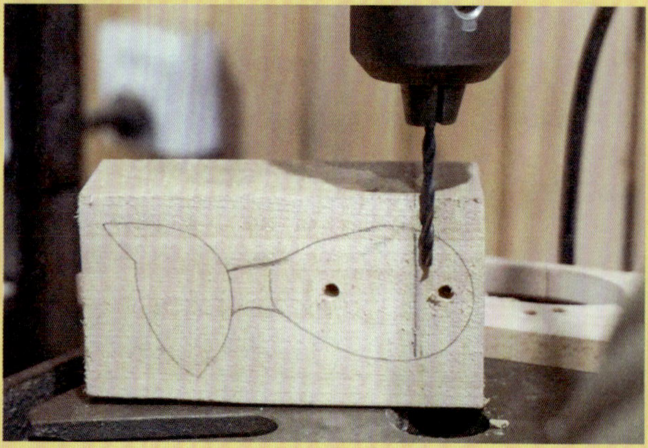

（5）将打好孔的木块，用小带锯机进行轮廓切割。沿轮廓的外延切割处理，不要切到线，多少留点余料。如果没有带锯，用手工拉花锯切割。如果用电动拉花锯的话，木料太厚了，不太方便。

（6）调整带锯的靠山，将手和脚的木块分割成厚度相同的两块。

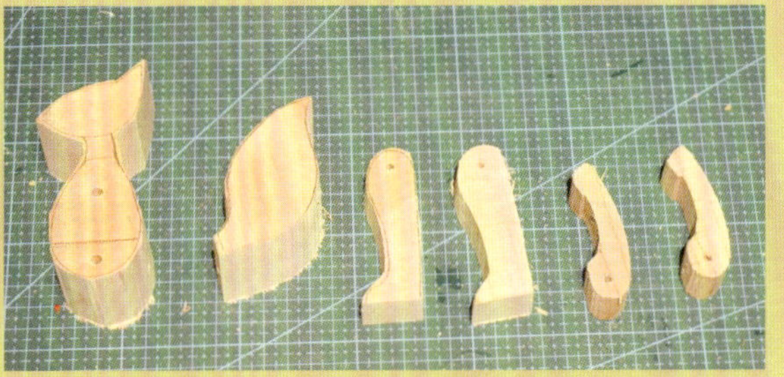

（7）在身体和尾巴每个面的中间位置，用铅笔画线。这里要说一下，每个中间线代表该面线延伸方向的最高位置。

（8）然后，我们左手戴好防割手套，右手持横手刀，对狐狸身体进行切割、雕刻。

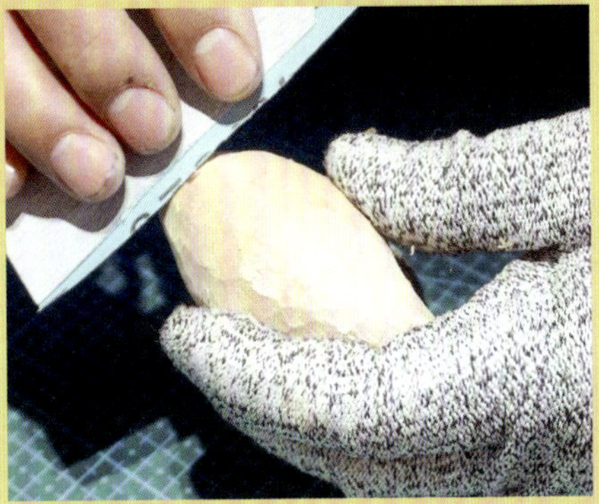

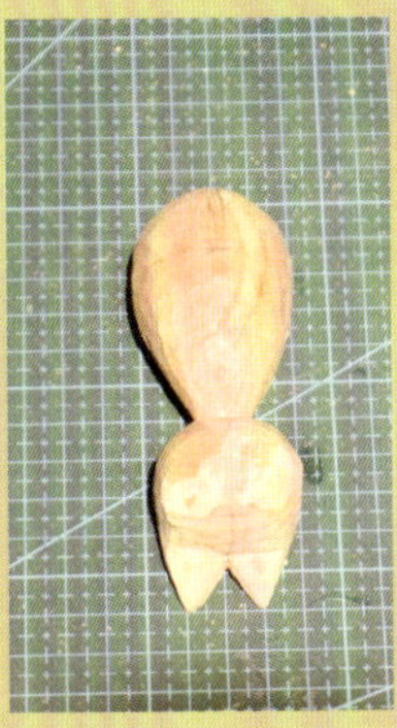

（9）这个木偶的制作全程我们只用了一把刀，直接将木偶切削到想要的程度。如果想要光滑的效果，可以用240目砂纸，400目砂纸进行打磨。我这里简单打磨了一下，保留了大部分切削痕迹。

（10）接下来，我们用按照同样手法对狐狸尾巴进行雕刻。在雕刻过程中，要经常画出中心线和最高点的位置，不断削去最高点以外的木料。

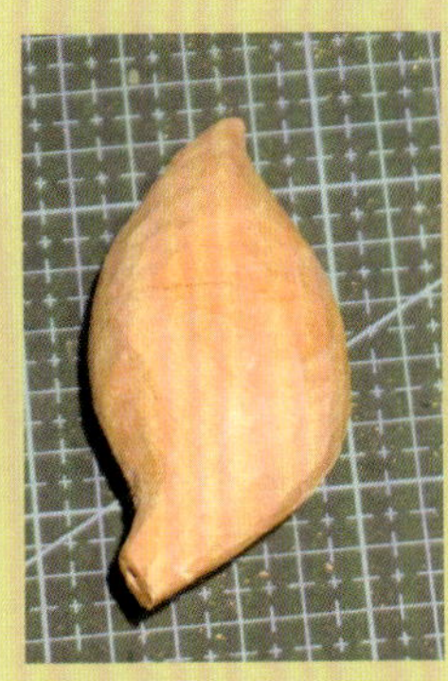

（11）确保狐狸尾巴多个面的弧度接近一致。

第四章

（12）接下来，我们要雕刻手和脚。因为木块比较小，这次我们可以不用画中心线，画出大概的雕刻轮廓就可以作业。

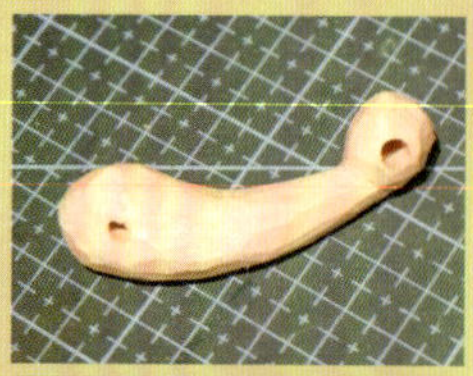

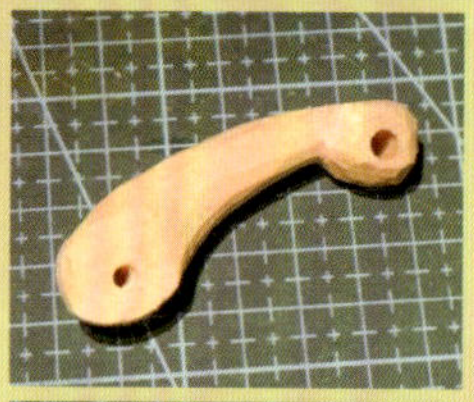

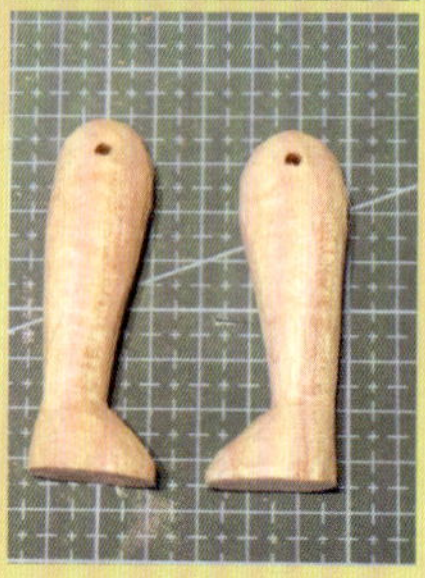

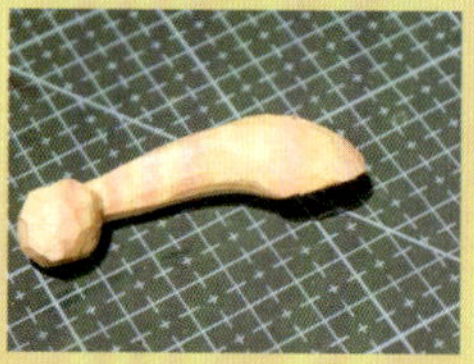

（13）检查一下零件是否比例协调。

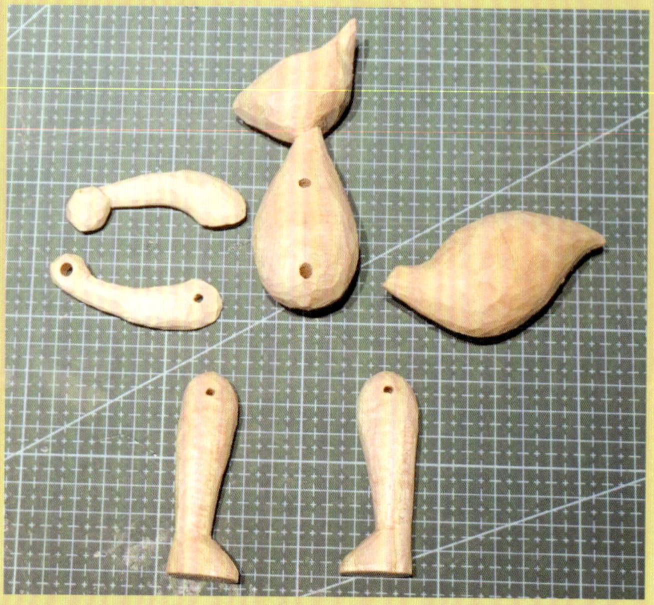

（14）接下来，我们将狐狸肚子与两腿相接触的地方做出凹陷的效果，方便腿部安装。

首先是比照腿部的孔位，标记出凹陷的起始位置。

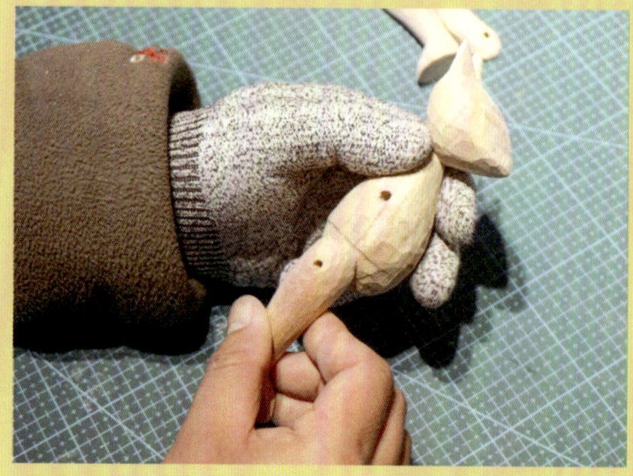

（15）在纵方向画出要切割的深度线。

（16）接下来，我们用横手刀，先沿着横向止割线做横线的截断处理。一刀截，再一刀切，不断往复这个动作，直至达到效果。

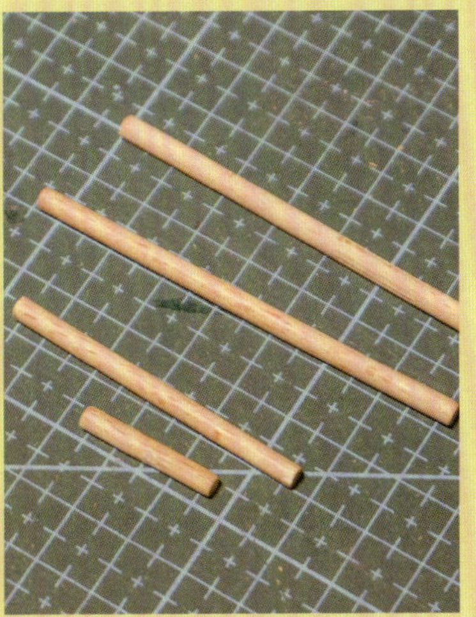

（17）完成这个作业后，我们找来几根直径4mm的木棒。

（18）将所有的身体零件进行简单组装，看一下运动是否灵活。

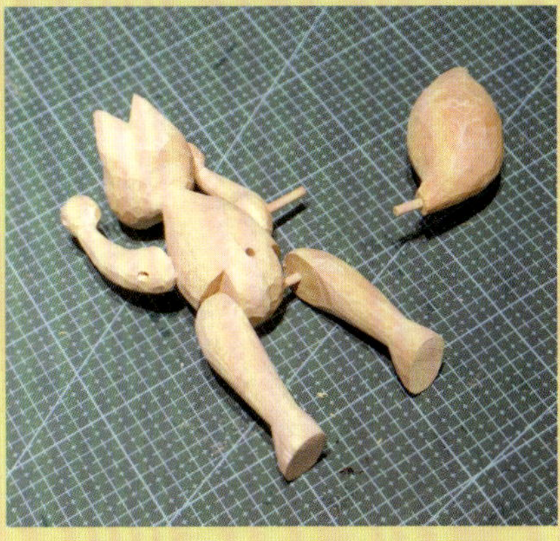

（19）我们找来一小段直径2mm的木棒，将其中心位置打孔4mm，穿透。

（20）再找来一根直径 4mm 的木棒，穿过这个木条。可以用胶水固定一下。

（21）将做好的擀面杖插到狐狸手里面，看看其转动是否灵活。好，到这里我们的木偶部分就做完了。

（22）接下来，我们开始制作框架。我找来了 2 块小木方，宽的做底座，短的做擀面桌子。

（23）我们将桌子的一侧标注打孔位置，这个孔后面要插入旋转主轴，然后用台钻钻孔（我用的是直径 6mm 的旋转轴，打孔用的是 6.5mm 钻头）。

（24）接下来，我们将木偶、桌子、底座临时放到一起，看一下位置是否合适。

（25）这个时候，我们需要用直尺量一下旋转孔中心到底座之间的距离，假设为 a cm。

（26）找来一块木板，用圆规画一个半径比 a 小一点的圆，在大圆中心距离 1cm 的地方做一个打孔标记，然后给这个圆的中心（6mm）和一侧的小孔（4mm）打孔。

（27）我们在木板的剩余空间，同时画出旋转摇柄和一个和旋转主轴直径相同的圆。除了 1 个孔的直径为 4mm，其余都是 6mm。

（28）上电动拉花锯进行切割。

（29）将切割好的零件进行简单打磨。

（30）再找来一根直径 6mm 的木棒做主轴，用胶水固定好一个摇柄。

（31）找来一根长 15cm 的木条，切出一根厚 2mm 的木片和厚 7mm 的木片。

（32）将厚 7mm 的木片按每段长 1.5cm 横切出 2 个木片。

（33）在上面画出图案，中心位置做好打孔标记（4.5mm），一侧中心做好打孔标记（4mm）。

（34）然后用台钻，分别钻孔。

（35）接下来，我们找来厚2mm的木条，在上面画2个直径近1cm的小圆，中心位置打孔4mm。

（36）接下来把这4个小零件用电动拉花锯切割。

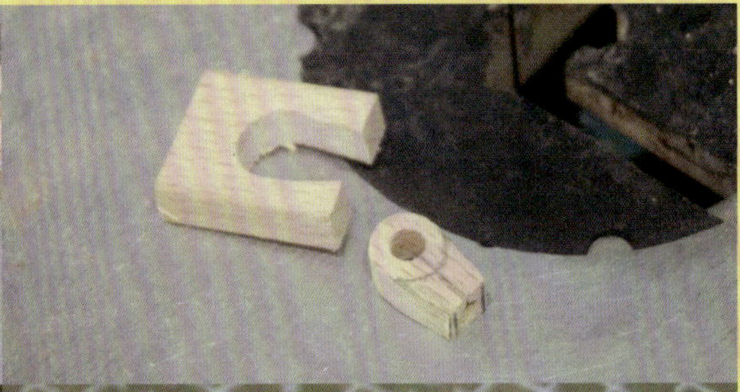

（37）我们再找来一片薄木板，画出一个比桌子台面略小的木片作为面饼，然后用拉花锯切割出来。

（38）用胶水将台面固定到底座上。

（39）然后，我们将摇杆、圆片、曲轴按顺序用胶固定在一起。

（40）找一根 4mm 的木棒，将之前的两个小零件固定在两端。这个木棒的长度，要经过测量，这里不提供具体的数据。将木偶临时放到台面上，去测试长度。待最终的长度确定好，再进行零件固定。

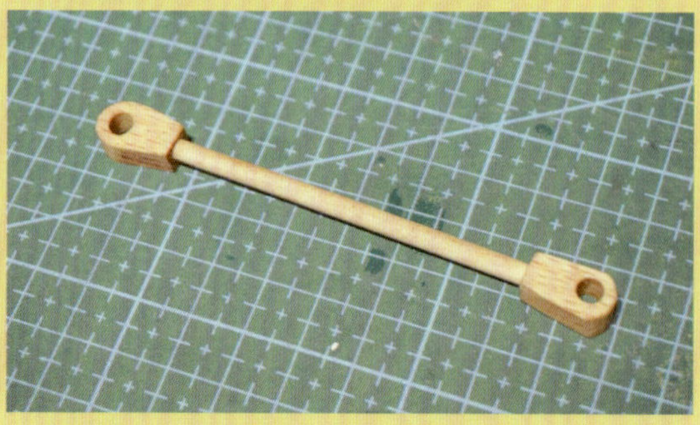

（41）对木偶进行上色处理。

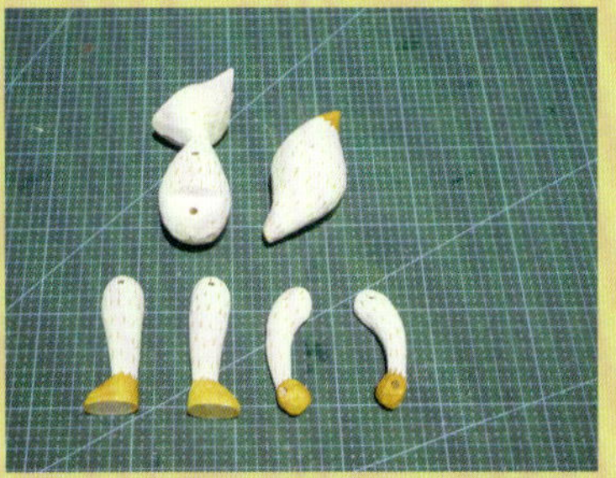

（42）用胶水将各部位固定，保证灵活。

（43）最后，进行所有部件的组装工作。测试位置确定好，没问题后再上胶固定。

4.4 涂装处理

木偶的外观设计一般分为原木色和彩色。这里我们分别讲一下这两种设计的处理方法。

4.4.1 原木色设计

原木色，包括纯原木状态的颜色和涂抹水性漆或木蜡油后的状态。纯原木的状态这里就没有什么好讲的了，我们简单介绍一下后面这两种。

涂抹水性漆

木偶表面涂抹透明水性木漆后，漆里面的水分会渗到木头表面，加深木头的颜色。同时漆干后，会在木头表面形成一层带有光泽的薄膜，可以对木偶起到防潮、防污甚至防划的保护作用。

操作方法：

使用软毛刷蘸取少量清漆，对木偶进行全面的涂抹。等干透后，用 400 目以上砂纸，轻轻打磨至无粗糙手感后，刷第二遍。第二遍干透后，如果对光滑度有要求，继续重复上一步骤，涂抹第三遍。每一遍涂抹，都尽量保证留在木偶表层的漆水薄而均匀。如图，鱼的表面因为涂抹了水性清漆，产生了一定的光泽感。

注意：对于像椴木或者一些密度比较低的木头，木头表面遇水后会起木茬，所以刷清漆前尽量将木偶打磨光滑，以减少木茬出现的数量。

涂抹木蜡油

木蜡油是一种新型的木材涂抹材料，从实际使用效果看，木蜡油可加深木头的颜色，提升木头的视觉质感。木蜡油分为液态和固态两种，操作方法都是一样的。

操作方法：

使用一块干净的棉布蘸取少量木蜡油，均匀涂抹在木偶表面。待全部涂抹完后，用纸巾擦干表面残留的油垢。如果有条件，可以再用热风枪吹一遍木偶，让渗到木头里的油蜡溢到表面，用纸巾擦掉。

如果纸巾擦拭不干净，在空气温度升高时，木偶外表会变得黏糊糊的。如图，木头在打磨光滑后，通过涂抹木蜡油，木纹理更加清晰，色泽更加深沉。

注意：木偶表面需要涂抹木蜡油的，应尽量将表面打磨光滑。

4.4.2 彩色设计

如果需要对木偶上色，我一般会选择 3 种涂料：水彩、丙烯、彩色水性漆。

水彩

丙烯

彩色水性漆

我们可以直观看到，水彩的渗透性更强，木偶的木纹理明显，其质感更柔和、质朴，无光泽感。水性漆的上色均匀，外表光滑，覆盖性强，塑料感比较足。丙烯的覆盖效果好，颜色分明，不能实现过渡、渲染效果。

水彩的上色方法：

用小铲子挖取少量水彩至调色盘，笔刷蘸少量清水开始调化水彩颜料，调至所需浓度，即可以上色。每种颜色涂抹次数越多，颜色会越深。同时，水彩还可以实现比较好的晕染效果。

丙烯的上色方法：

用小铲子挖取少量丙烯至调色盘，再加入适量的丙烯稀释液或者清水，调至糊状，然后用笔刷蘸取颜料对木偶进行涂抹。丙烯的渗透性比较差，覆盖性强，但上色均匀度不高，所以需要涂一遍干透后再涂抹覆盖。通常经过 3～4 次的涂抹，可以将颜色处理到均匀状态。

彩色水性漆的上色方法：

建议直接购买调和好的水漆，用软笔刷多次涂抹，实现均匀上色。

4.5 关节的制作

关节的作用，主要是限制关节两端部件的活动范围。通常木偶身上所涉及的部位有头、颈、嘴巴、大臂、肘关节、大腿关节、膝盖关节、脚踝关节等。不管关节处于哪个位置，其大致的构造都是一样的。

我们可以先观察一下这些关节的特点：

我们会发现，关节主要由两部分构成，一个凹槽部分，一个凸起部分。这里我们通过一个人偶的制作过程，来了解一下不同关节的大概制作流程。所有的零件加工，牢记一个原则：先钻孔，再切割，再雕刻塑形。

（1）首先找来几块 3～5cm 厚的椴木块，在上面画上人偶的侧面图案。其中腿部我们画出一条就可以，手因为姿势不同，需要画出 2 条。在这里需要注意一下，人偶的双腿都是可以活动的，所以需要做出活动关节，其中右手是可以摆动的，所以右手的肩膀处要打孔。在这个案例里，人偶的头部需要安装一个钉子，所以在前额做好打孔标记。

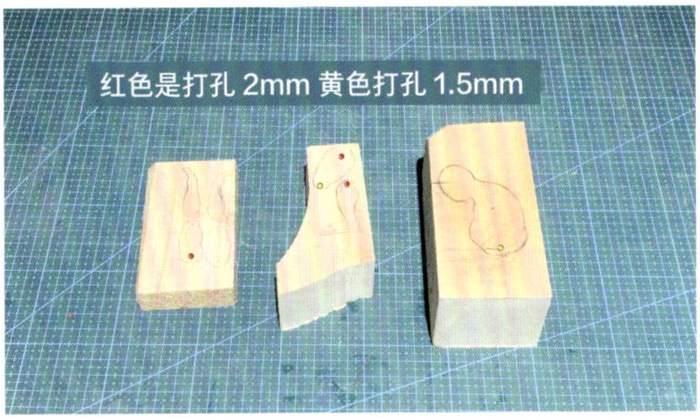

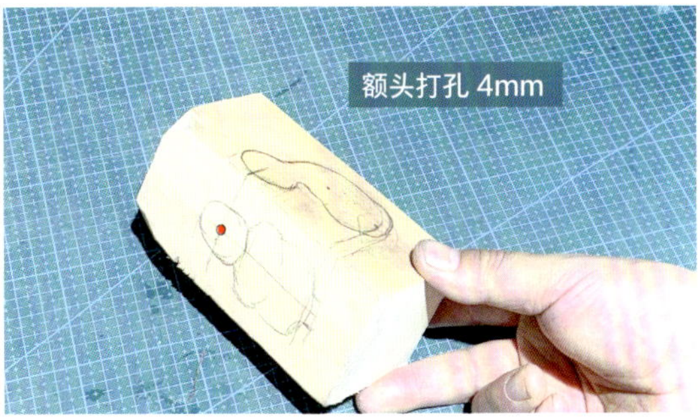

（2）接下来，我们先按照要求进行钻孔作业。头部的打孔深度要半透。

（3）接下来，我们将画好的身体和腿，用带锯沿轮廓外沿进行切割。因为腿部的木料比较厚，我们再将腿部的部分一分为二，这样就得到了两条腿的零件。

第四章

（4）手的部分，我们用拉花锯进行切割。

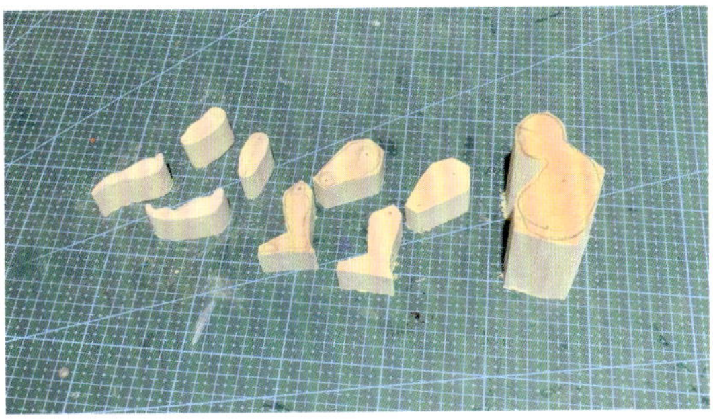

（5）等所有部分切割好后，我们就开始雕刻了。

（6）首先对人偶的身体进行雕刻，还是老规矩，先画出人偶的前后左右的中线，然后将人偶正面的轮廓用铅笔画出来。对于人偶身体各部位的高点要标记出来。这里面人偶是有点弯腰的大肚子形象。

（7）雕刻采用的是横手刀打胚，先处理出大部分的细节轮廓，然后用平刀进行细节处理。记住固定木偶的手要带上防割手套。这里需要注意手臂的制作，肘关节也是采用拼插的结构，前臂为插头，上臂为插口。

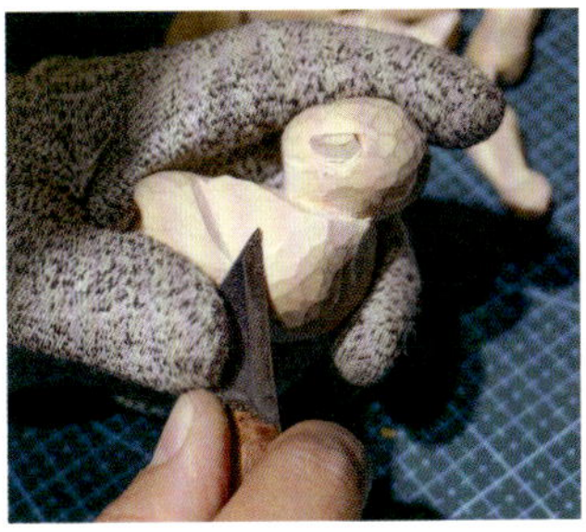

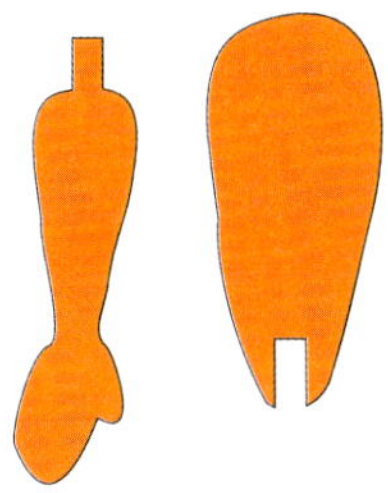

（8）等所有的部位都雕刻完后，我们用 240 目的砂纸将木偶表面的切痕都打磨掉，然后再用 400 目的砂纸继续打磨光滑。这个过程，需要戴上口罩，耐心打磨。

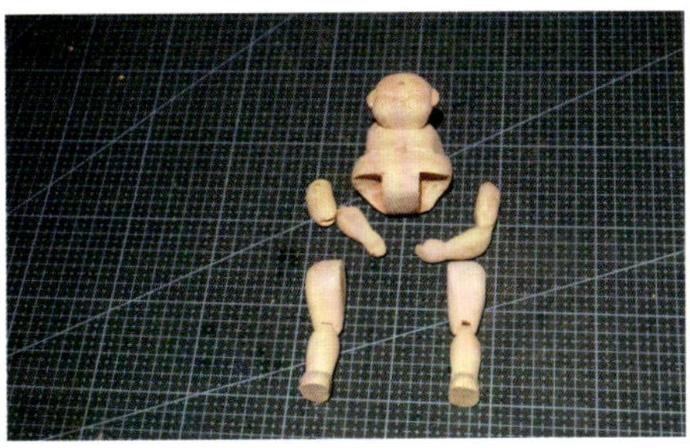

（9）以上零件做好后，然后上色，再用直径 1.5mm 的铜条将各个关节组装在一起。

制作关节的时候，凸起的宽度要略窄于凹槽的宽度，但不能太小，以可以自由摆动但不晃动为准。

4.6 框架的制作

框架主要是起到承担机架和木偶舞台的作用。常见的框架的形式主要有两种，一种是方体框架，另一种非框体框架。

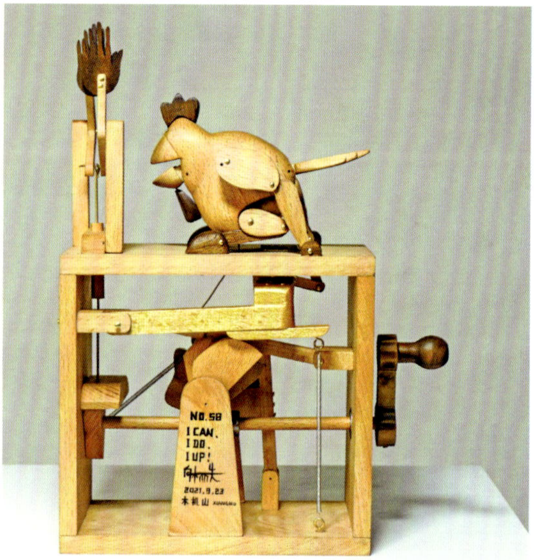

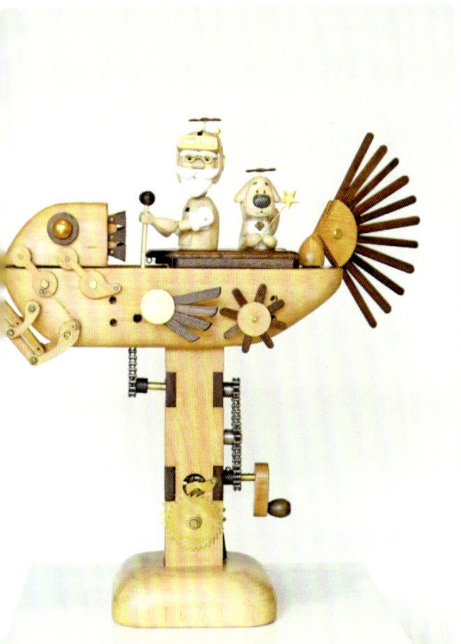

在以上 8 个案例中，第 1、2 个属于最常见的方形框架，就是通过一个方方正正的框，来支撑所有的零件，而这个框的顶面承担舞台的作用。其余 6 种，我们发现他们的框架造型非常不规则，造型充满了设计感，甚至框架也成了表演部件的一部分。 通过以上案例，我们可以得知，只要能满足支撑零件运转的功能，框架在形式上没有任何限制。

但对于大多数初学者来说，我们还是需要从最简单的方形框架开始学习。方形框架其实就是 4 块规整的木板组装在一起，这里展示几种通过不同工艺组装木板的效果。

半透燕尾榫拼接

全透燕尾榫拼接

直榫拼接

502胶水拼接

502胶水+钉榫拼接

我们所有的零件都要以框架为基底进行安装，如果框架不合适，或者零件设计得不合适，我们就需要拆掉调整，这就要求框架的设计要方便拆卸组装。所以以上 5 种组装方式中，主要推荐除“502 胶水拼接”外的其余四种。

但对于初学者来说，制作燕尾榫或者直榫有一定门槛，需要较长时间的训练。这个时候我比较推荐最后一种“502 胶水 + 钉榫拼接”的方式。

“502 胶水 + 钉榫拼接”方式的框架组装步骤

（1）我们找来 4 块规整的木板，并在木板的一面用铅笔标注上下左右，注意标记面为框架的内面。

（2）用 502 胶水在下板的左右边缘内侧点上少许，然后将左右侧板依次对齐粘上去。

（3）再用502胶水在两侧板顶面点上少许，将顶板比齐后粘上去。

（4）等胶水凝固后，借助直尺和锥子，在上下板的左右边缘（大概侧板中心的位置）画一条直线，在每条线上标记 3 个点。

（5）将框架放到台钻上，安装 3 毫米的钻头。先限定一下要钻孔的深度，一般打 2 个顶板的深度。

（6）然后按照之前的标记，进行打孔，我这里展示的是打 12 个孔。

（7）测量孔的深度，然后切割出 12 个对应长度的 3mm 直径小木棒。

（8）用橡胶锤，将 4 块木板震开。

（9）在左右侧板的孔洞里点上少许 502 胶水。

（10）将木棒依次插进去，砸实。

（11）最后，我们通过橡胶锤将 4 块木板按顺序拼插好。这样可以拆卸的框架就做好了。

接下来的工作就是对框架的进一步加工，比如给旋转轴钻孔、打磨、上色、上漆等。等到最后组装调试完，没有任何问题了，再在左右侧板与上下顶板间涂抹适量的胶水，将框架彻底粘住。

使框架左右对称的小技巧

我们制作 Automata 时，主旋转轴通常会被限制在框架上，所以，我们一般会对外框架进行打孔。而打孔时，通常需要左右或者前后两块侧板位置对应。我们可以参考以下方法制作。

（1）将左右两侧板内侧相对，用 502 胶水（点 1 滴就行）黏合。

（2）如果我们后面的摇杆是安装在右侧，那就让右侧板朝上上台钻。安装好所需要的钻头，设置好限定深度。打孔的深度一般要穿到底层的木板，但是不能穿透。

（3）最后，我们将两块木板掰开，然后用砂纸将胶水的痕迹打磨掉。这样就可以实现左右侧板的孔位置一致。

4.7 零件的固定方法及组装原则

4.7.1 零件的固定方法

凸轮、齿轮的固定

我们来讲一下，制作好的凸轮或者齿轮零件如何固定在旋转轴上。

第一种方法，直接使用 502 胶水固定。先在需要固定的位置均匀涂抹胶水，然后将零件缓慢推到合适位置，待胶水彻底凝固后再使用。

特点：固定效率高；不占用轴的空间；零件不能承受太大的阻力压力；一旦固定，后面拆卸非常不方便；时间久了胶水会失效。

第二种方法，借助法兰配件。购买成品法兰，直接安装到零件上，然后将零件套在旋转轴上，在合适位置拧紧法兰的顶丝，实现固定。这是制作复杂装置时的常用方法。

特点：零件可以承受更大的压力；会占用轴的部分空间；拆卸容易，方便后续调试维修；固定效果好。

第四章

第三种方法，侧面插钉。如果零件的体积不是很大，我们可以先将零件套在旋转轴上，位置确定后，用手钻从零件侧面钻一个直径 1.5mm 的孔，孔深要穿过旋转轴，然后把一根直径 1.5mm 的钉子插进去即可。

特点：零件承受压力能力强；不占用轴的空间；可以拆卸但不方便；固定效果好；比较适合体积不大的零件。

第四种方法，平面挖槽，轴上植钉。在旋转轴上零件要固定的位置，钻出一个直径 1.5mm 的小孔，植入一根直径 1.5mm 的铜棒，铜棒外露 2mm 左右长度，然后在零件旋转孔的附近，用牙机或刻刀挖出一个直径 2mm 的深槽，长度 2～3mm。将零件插入旋转轴，并将深槽部位对准轴上的钉子，套入。再制作一个木质垫片，从轴的另一端套入。在与零件凹槽面要接触的部位点适量 502 胶水，将垫片粘在零件上，封住钉子。

特点：适合较大的零件；固定效果好；不易拆卸；占用轴的空间小。

木偶的固定

推荐采用销钉定位。这种方法主要针对木偶的固定。对于一些需要固定在台面上的木偶，我们如果直接用胶水固定的话，会导致调试不方便，后续维修不方便，同时也会增加木偶在后续位置移动时损坏的风险。我们可以将木偶与台面接触的部分植入 2 根销钉，并在台面对应位置打孔，最后在需要的时候插入固定。

旋转轴的固定

在组装调试中，我们需要经常拆装旋转轴，而旋转轴在框架上就需要保证前后或左右的位置稳定，这个时候可以借助木环或金属固定环，它们的内径同旋转轴的直径相同，通过给木环涂抹胶水或拧紧螺丝来限制轴的移动。当然，你也可以在轴与边框的交界处安装一根横梁。

4.7.2 零件的组装原则

当我们将所有零件制作完后，就需要进行组装调试。这个过程中，我们需要坚持一个原则：在制作彻底结束前，前面关键的组件都要能够实现可拆卸、可组装。

假如，我们设计的结构比较简单，框架提前固定死后，并不影响后面零件的安装调试，框架就不属于关键组件。

通常，我们需要等零件组装调试没有问题后，再进行上色，然后再组装调试，最终没有问题后再进行固定。

越复杂的结构设计，后面需要维修的概率越大，所以，复杂的作品，尽量将零件的组装方式设计成可拆卸的，这样会极大方便后续的维修工作。

4.8 木偶与零件的连接设计

前面我们学习了如何制作零件和木偶，这一节我们简单讲解一下，零件和木偶的连接方式。

零件一般会通过两种方式控制木偶，一种是通过线，另一种是通过连杆。

使用线连接的案例：

线的特点是柔软，不占用空间，有一定的机械强度，可以灵活适应各种复杂空间。我一般采用钓鱼用的透明鱼线，也可以采用 1mm 甚至更细的钢丝，如果购买这些不方便，身边的棉线、毛线

都可以拿来用。

使用连杆连接的案例：

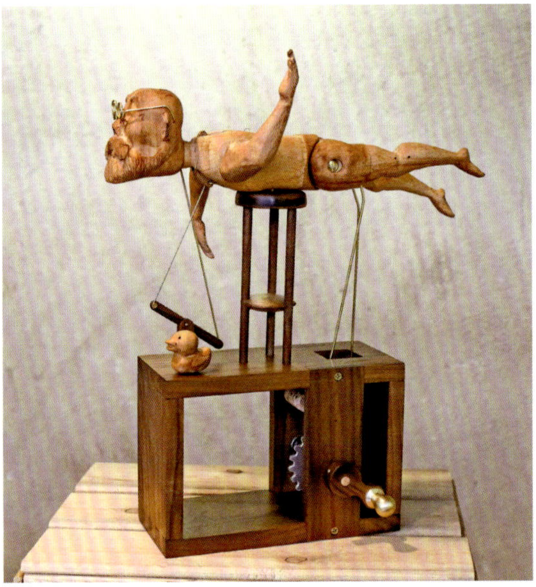

连杆可以用金属丝制作，也可以用木头制作，它的特点是形状固定，长度固定，能够保证力从一端快速、准确、稳定地传送到另一端。对于一些需要精准控制的动作，连杆使用得更多些。

4.9 在实践过程中常犯的错误

（1）在设计滑槽组结构时，滑槽设计得过短、过宽，导致滑块运行晃动、卡顿。

（2）没有经过测试，就将零件或框架固定死，导致后期调试困难。

（3）零件间隙过小，导致作品放置一段时间后，木头发生形变，机械构造运行卡顿。

（4）零件未上漆上色时，机械调试灵活，上漆上色后再组装调试容易发生卡顿，所以建议准备上色上漆的零件提前预留出空间，保证后面的运转正常。

（5）加工零件没有遵循先打孔后切割的原则，切割完遇到打孔失误，导致前面的工作都浪费了。

（6）制作木偶时没有遵循“先打孔、后切割、再雕刻”的原则，导致雕刻完打孔精准度不高，甚至出现木偶件报废的情况。

第五章

案例分析与制作

学习初期要养成观察其他人作品的习惯，但是怎么观察，观察哪里，如何理解和学习对方作品的设计智慧，需要一定的方法。内行看门道，这章我们就一起来打开这扇门。

本章，我们将通过案例详细展示自动机制作中的每一步过程。在学习方法上，我个人非常反对在学习中直接依靠图纸临摹制作的方法。因为图纸都是设计好的数据，初学者直接拿过来加工，对于机械结构的设计以及运行情况就无法真正理解，没有一手的实践经验，就算是练上 100 次也只提高了机械的加工能力，而不能自主设计。所以，在初期的临摹阶段，一定要有主动思考的意识。先观察其他人的作品，理解设计思路，反推零件布局的逻辑，再实践操作。这个过程肯定会经常失败，因为制作中会忽略很多因素，而这忽略的因素恰恰就是学习的重点。

5.1 制作流程简述

结合之前我们提到的小兔子拔萝卜的案例，我们来完善一下制作一台完整的自动机玩具所需的流程。

第一步，我们需要明确一下创意。这个创意主要是确定表演单元的内容。这时候，我们可以在纸上简单绘画出表演单元的样子。有哪些角色，有哪些道具，讲述一个什么故事，或者展现一个什么样的画面。比如，我想做一个小兔子拔萝卜的自动机。

第二步，我们要将表演单元的动作确定下来。比如木偶进行上下运动、左右运动或其他运动；动作发生的时间有没有先后。如果我们的机械知识掌握得不是很熟练，这时候不用考虑动作的准确幅度和运动频率，单考虑小兔子只有弯腰，直身的动作。

第三步，我们要从所学的机械知识里面挑选一个合适的结构，来配合木偶的运动。什么样的结构可以提供我们需要的动作呢？注意，这里要充分运用转化的思维。如果一个结构无法提供想要的运动轨迹，但是通过另一个零件的加入就可以转化成我们需要的动作，也是可以的。这里我想到了使用一个曲轴配合连杆来控制小兔子的运动。

第四步，我们将机械单元和木偶单元确定好后，在纸上画出草图，并确定大概尺寸。

第五步，开始备料。采用什么样的木板，涉及什么样的零件，提前准备好。

第六步，表演单元和机械单元先做哪个呢？我的习惯是哪个部分更复杂就先做哪个。这个案例我选择的是先制作兔子和萝卜，然后是框架和零件。

第七步，进行临时组装调试，发现问题，解决问题。

第八步，对木偶进行上色（原色的话可以跳过此步骤）。

第九步，对木偶进行最后组装，调试，完工。

5.2 《驯兽师》的实际操作案例分享

这一节，我们将以英国自动机制作人 Ron Fuller 的作品《驯兽师》为原型，创作一个自动机玩具。

（1）我们依旧是先准备 4 块木板，作为底板、顶板、左右侧板，并用铅笔在框架内侧标注好各自的名称。

（2）框架固定的方式依旧采用直榫，这是一种加工简单、效率比较高的固定方式，缺点就是 90° 角的稳定性差，需要胶水的辅助。先将顶板和底板做出凹槽。凹槽的深度等于侧板的厚度。

（3）接下来找来左右侧板，比对后面要连接的部分，画出凸起，标记出要切割的部分。然后上拉花锯切割，组装调试。

（4）接下来找出左右侧板，然后在中间稍微偏下的位置打孔，依旧是上层木板穿透，下层半透。孔径为 8.5mm。

（5）接下来，我们找来另一块木板，将 2 个钉轮的图案粘贴上去。同时再描绘出 2 个一样的蜗形凸轮，一个圆形托盘，一个缺角的凸轮，然后用台钻钻孔，并用拉花锯切割出来。

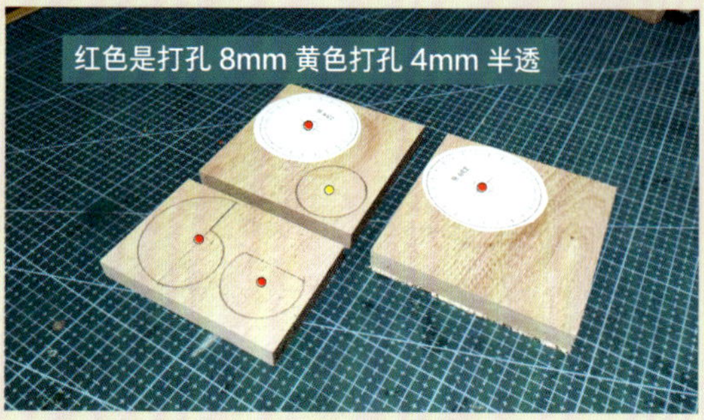

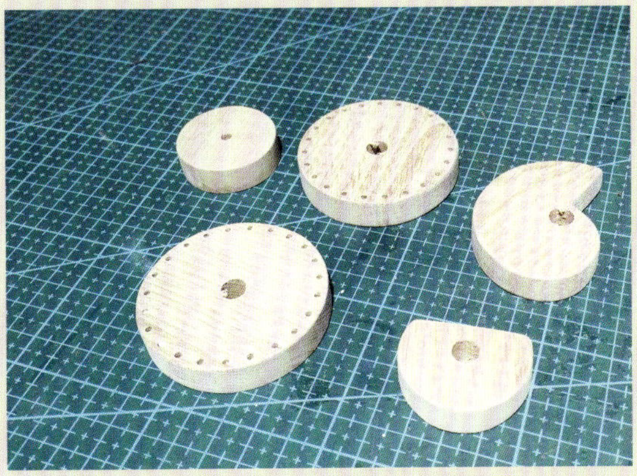

（6）然后我们用直径 2mm 的铜棒制作一定长度的钉子，植入钉轮里面。机械结构基本就做完了。

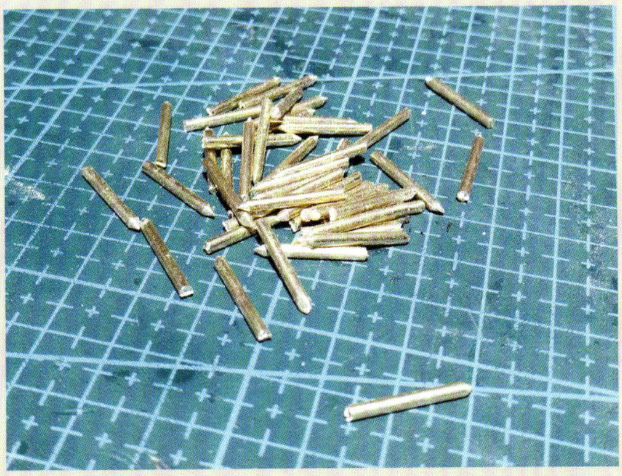

（7）接下来我们开始做木偶。先从狮子开始吧，因为它的体积比较大，确定了狮子就可以确定人偶的大小了。我们先找来两块薄点的木板，然后在上面画出一个坐姿狮子的身体轮廓。

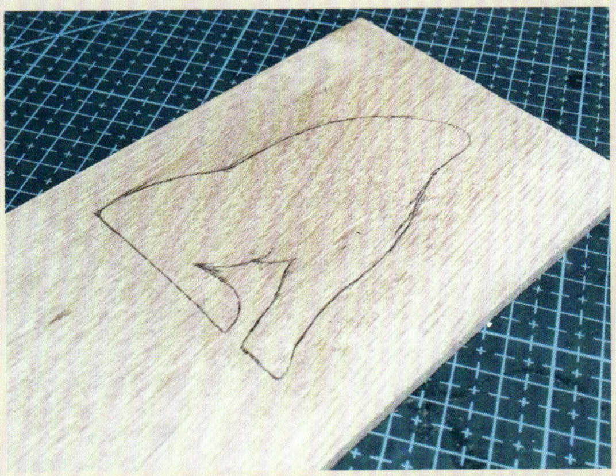

（8）切割出来，然后比对切出的图案，再做一个一样的。

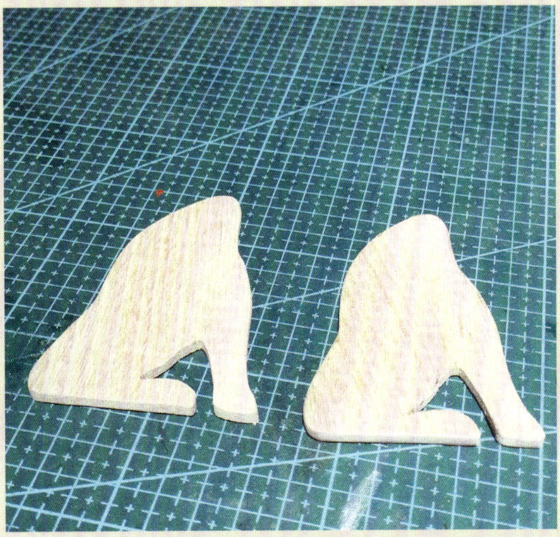

（9）在两个前腿的位置打孔，这里孔径是 4mm。这是为了方便狮子可以以孔为中心进行前后活动。

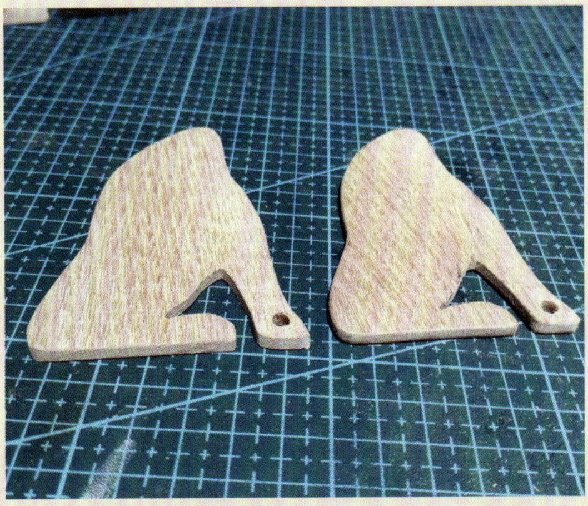

（10）开始做头部，因为头部是分开的两部分，中间由一个合页连接。我们先在一块厚点的木板上画出狮子的头部轮廓。

第五章

（11）然后在中间画出分界线，用拉花锯切开。

（12）我们找来一个合页，从头的后面将两部分连接起来。

（13）再找来一块和头部一样厚度的木板，在上面比对着脚部轮廓，画出痕迹，我们需要让这个狮子的底部更稳定些，这样做是为它加个底座。

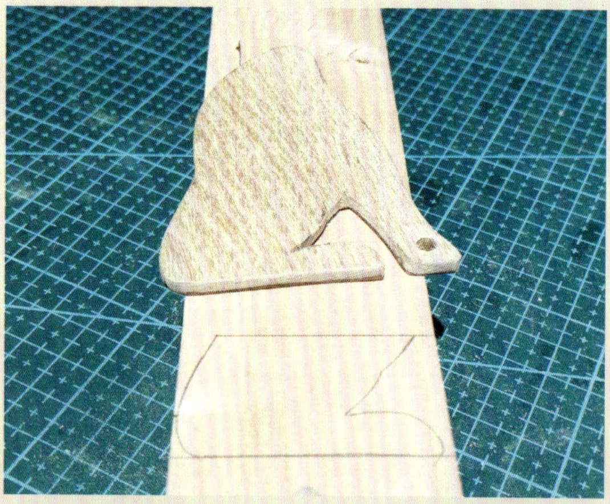

（14）然后，我们看原作里面，狮子屁股下面固定着一根立柱，所以我们需要在上面的底座下面打个孔，孔径为8mm，后面也安装一个立柱。

（15）做一个比底座宽度稍微短1mm的长方体木棒，然后中间穿透5cm，这个木棒就是限制狮子腿部旋转用的。到这里狮子的身体就算做完了。

（16）找块薄点的木板，描绘出尾巴的图案，然后切割出来。

（17）在狮子底座的中间位置，开出一个小槽，槽宽等于尾巴厚度。

（18）将切割好的尾巴插到槽里。

（19）狮子做好了。

（20）接下来我们开始制作人偶，原作中人偶的体积较小。我们按照原比例，首先制作人偶的身体。找来一块厚点的木板，画出身体的形状。

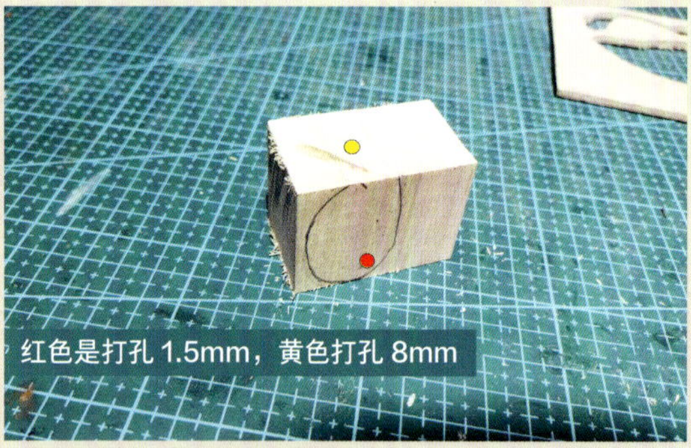

（21）先打孔，再切割出来。注意，肚子要有一定的弧度。

（22）接下来，我们用一块木头做出头部，脖子，然后插到身体里。

（23）然后我们找来一块薄木板，画出手部、腿部、斗篷。

（24）然后切割出来。其中腿部上方打孔 2mm。

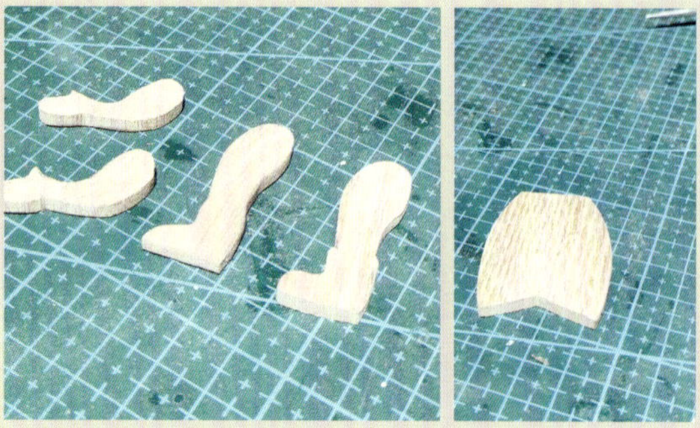

（25）切割出的零件手和斗篷粘贴到人偶上，腿部用直径 1.5mm 的铜钉临时固定在人偶上。

（26）找来一块厚点的木板，切割出一个底座，底座的宽度要和人偶两腿间距一样，底座肚子的正下方要打一个直径 8mm 的孔。

（27）取一块厚木块，把人偶放在木块上站立，把狮子放到人偶前，只要人偶的脖子位置能够在狮子嘴部的位置上下，这块木板的厚度就可以了，然后在上面画一个圆，中心打直径 9mm 的孔。

（28）将人偶和狮子进行上色处理，颜色干透后，将零件进行组装。

（29）接下来，我们将狮子、人偶、舞台放到底座顶板上，要摆成一条线，这条线在旋转轴的垂直面上，调整好狮子和人偶的距离。

（30）然后用铅笔标注狮子底座打孔对应的位置，舞台顶板打孔的位置。

第五章

（31）舞台打直径 9mm 的孔。

（32）狮子底座的孔位做出一个长方形的槽。

（33）找一根直径 8mm 的木棒，插到狮子的底座下面。找来直径 4mm 的木棒插到两脚中间，两腿中间是长方体木棒。

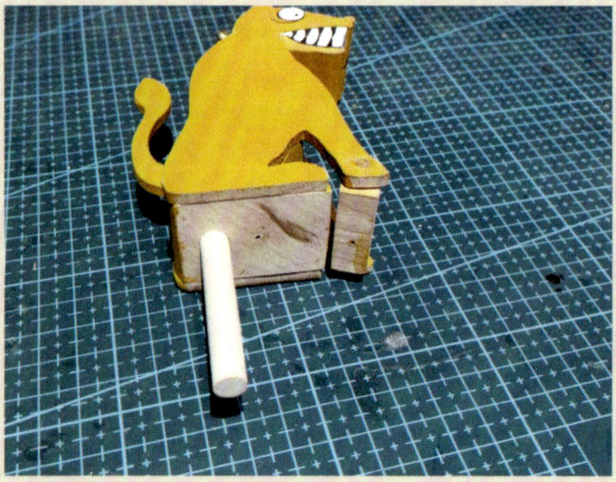

（34）然后放到顶板上，所有的零件按照下面的展示临时安装。调整狮子的立柱长短，直到狮子在蜗轮最低点的时候，狮子处于坐好的状态。然后用胶水将狮子的位置固定。舞台也是在这里固定在顶板上。

（35）接下来，我们找来一根直径 8mm 的木棒，插入舞台，然后再透过顶板插入钉轮，高出舞台 1cm，标记好这个长度，然后将木棒切断，两头打通，孔径 5mm。

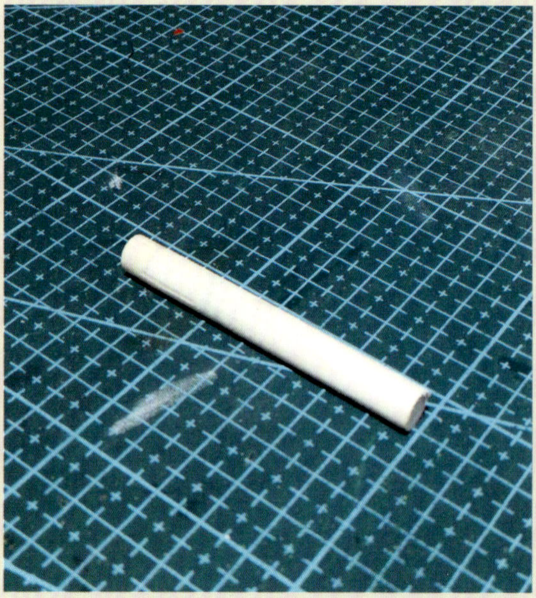

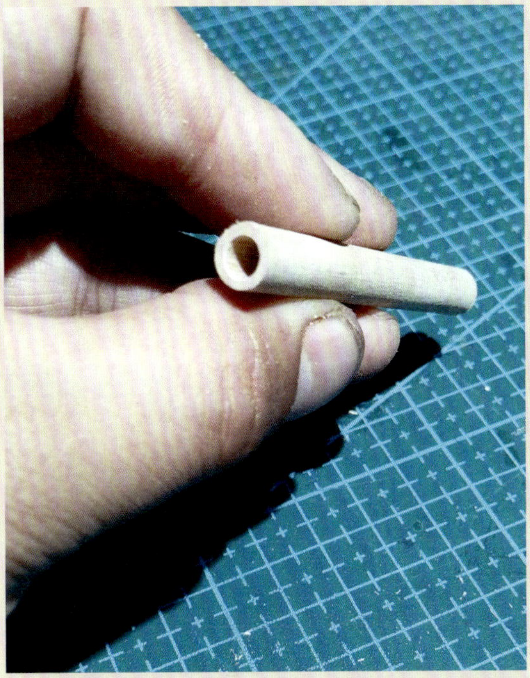

（36）木管插入钉轮，进行固定。

（37）接下来，我们找来直径 4mm 的木棒，插入托盘，固定。

（38）然后将托盘立柱插入钉轮的木管，木管再从底部插入舞台。

（39）将底座固定好。将缺角的凸轮调整到托盘的正下方。

（40）找来2个羊角钉，一个安装到狮子头上部的背后，一个安装到同一纵面的顶板上。找来一段钢丝，将蜗形凸轮与立柱的接触点调整到最高点，根据需要固定钢丝的长度，让狮子可以张开嘴，但是又不至于头部会被翻过去。

（41）接下来，我们将人偶的底座也插到舞台中间的木棒里面，让直径4mm的木棒凸显出来，调试其长度，让立柱可以在凸轮高点时顶起人偶，低点时，人偶向下自动弯腰。

（42）调整托盘下面凸轮的位置。将狮子嘴巴调整到最大，即将陷入低点的位置，然后将人偶调整到刚刚过狮子嘴巴的位置，此时凸轮即将进入高点。然后将凸轮固定。

（43）接下来安装摇柄，测试整体的机械流畅度以及表演效果。

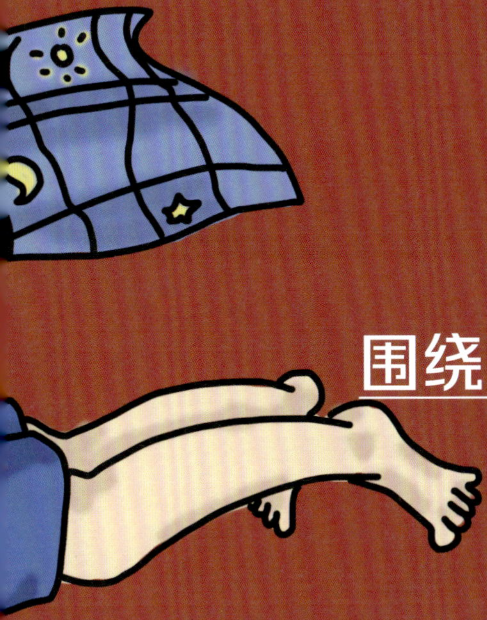

第六章

围绕 Automata 的相关问答

Q

&

A

Q 如何获取一个创意？

A 创作，首先需要构思木偶表演内容，你想选择什么主题，讲什么故事，表达什么意思。我的创作灵感产生的方式没有固定的套路，有的时候看别人做事、看电视、电影、择菜做饭、读书走路，甚至自己情绪有波动的时候，脑海中就会产生一些想法。如果这个想法可以形成画面，那我就会及时用手机里的记事本把它记录下来。

记录的时候，我会将脑海中联想到的场景，用文字简单描述一下，比如下面这些：

老头手抱着小鸭子，左右腿交替弯曲，头左右摇晃。一个人在笼子里贪婪地享受金钱和物质。

一个人突然快跑，跑得太快了以至于裤衩还留在了原地……

仔细看一下上面的记录，我一般会用简单的语言描述主场景，可能会有具体动作，可能会是一个画面，不管是什么，我觉得值得开发，就先记录着。等哪天心绪来潮就翻出来，单独再添加细节，让整体的主题表达更丰满。

当有了创作主题和场景后，就需要将木偶进行细化设计。木偶具体长什么样子，穿什么衣服，多大尺寸，做什么动作，动作顺序是什么样的，需不需要道具，整体的木偶机尺寸大概是多少，然后按照前面的动作设计联想机械结构，考虑机械零件如何布局，考虑采用什么风格的框架等，这些信息统统要在大脑里过一下。吃饭的时候、睡觉的时候、洗澡的时候、走路的时候、开车的时候，反正只要准备制作了，前期大脑就自动开启了三维建模模式，直到将主要的机械传动问题想明白。这个过程可能几分钟，也可能一两天，甚至一两个星期，具体期限要看落实制作是否紧迫。对了，我不会画机械工程图，也不会使用电脑软件建模，但对于那些过于复杂的结构，会在纸上大概地画几笔做推演。这是我的土方法，但是效率很高。

以上只是一个创意产生的前半段，它不代表最终的作品呈现形态。因为我是手工制作，没有通过电脑提前去建模、模拟，所以后面的制作过程就充满了随机性。零件的尺寸是不确定的，材料的选择是不确定的，甚至整体的表达也会在制作过程中发生调整。简单说，我通常会边做边改，因为我需要不断提出新的想法来解决随机性工作带来的新问题。所以，作品不到结束的时候，我也不知道它的样子。

Q 制作过程中有什么需要注意的吗？

A 我觉得需要从两个方面做好强化。第一个方面是安全。在使用手工或者电动工具的时候，穿着不宜太宽松，长头发要束起，项链手环什么的尽量不要佩戴，同时要严格遵守操作规范，集中注意力，疲倦或状态不好的时候，严禁操作工具。

第二个方面就是心态要放平稳。机械传动设计本身就是对材料和精准度有要求的一件事。我们手工去做机械，其实会大大增加出现失误的次数。失败本身不可怕，怕的是常态化的失败对人的打击。我们要明确一个前提：手工制作 Automata 是一件有难度的事，遇到困难是常事，遇到失败是常态。所以你需要有一颗平稳的心，不怕失败的心，同时还有一颗纯粹的心。同时，你还必须明白一件事：制作一台合格的机器往往需要多个版本的逐级优化。第一台就是一件完美作品的概率非常低，所以要放平心态，将精力放到规避设计缺陷，构建优化方案上，这其实就是在搞发明创作，有趣又必须严肃。

第三个方面是不忘初心。我们是为了享受创作玩具带来的快乐，享受创意实现的惊喜，所以在整个学习中，不要过度追求技术细节，技术的学习和完善永无止境而且非常坎坷，我们要时不时地调整方向，让自己尽可能在当下技术的条件下，完成创意表达。

Q 如何提高自己的机械设计水平？

A 我觉得最快的途径，就是大量观看其他人的作品，研究他人作品中机械构造的应用情况，了解结构的不同用途。然后自己通过制作机械结构模型或笔记本绘图的形式，来记录所学的知识点。

除了这种形式，日常还可以多去观察一

些机器的机械构造，看一些机械结构的三维视频或者动图，来不断丰富自己的机械结构储备。

是否有需要系统地学习大学的机械课程？我个人觉得，对于大部分人来说是没有必要的，Automata 的设计乐趣更倾向于表演单元。作品并不是结构越复杂就越好。

Q Automata 作品好坏的评判标准是什么？

A 在我看来，评判一台 Automata，不管它的级别是玩具还是动态艺术装置，应该从两个角度去看。首先是看它的创意，其次是工艺。创意这部分的比重大概可以占到 60%，工艺 40%。因为相比于工艺，一个人的创意是独有的，产生的过程是不可复制的。作品的表达深度、趣味性、冲击感，这些都代表着一个人如何看待这个世界。当然这只是一个评判角度，关于作品在这个角度的表现，我觉得应该放到当时当下去评价，是什么人做的，怎么做的，他在创作这个作品的过程中的心理状态如何等等，都会影响我对它的打分。工艺部分的评判就简单很多了，因为这属于肉眼可见的技术层面的问题。工艺部分的表现是可以通过学习来提升的。

创意部分的评判受每个人的感受影响较大，而技术层面的判断就更容易些。

自动机作为一台机器，不论表达主题如何，不论风格如何，其首先要满足机器的 3 个基本条件：流畅性、稳定性和可修复性。流畅性，就是机器运转是否顺畅，不能有卡顿或者超大阻力的情况。稳定性，就是机器在正常环境下，湿度温度发生了变化，其流畅性依旧能保持。可修复性，任何机械设备都有损坏的情况，尤其是复杂的机器它的损坏率就更高。我们在做 Automata 作品时，简单构造的可以在框架部分直接固定死，但是对于结构复杂的作品，还是建议保留可修复的渠道，对于易损件设计成可更换的功能。

所以，一台结构复杂的 Automata 不一定很好，它有可能只是炫技的机器，没有释放作者的生活思考。而一台简陋的 Automata 不一定很坏，也许它的创意会值得你的称赞。当然，创意和工艺兼具的作品，那一定会收到非常高的评价。

请记住：好的技术可以通过学习获得，创意则不会。

Q 有什么优秀的 Automata 艺术家和制作人推荐吗？

A 想更深入地认识和学习制作 Automata，就绕不开观察优秀制作人作品这个环节。我在自学 Automata 制作的 6 年多的时间内，看过不下 2000 件国内外 Automata 作品，也根据自己的喜好整理出了一些作品风格和技术有代表性的艺术家和作者名单，这里跟大家做了简单的分享。你可以通过海内外各大自媒体平台，比如微博、小红书、Ins、YOUTUBE、Facebook等找到他们的资料。

Paul Spooner（英国，作品数量多，且结构运用种类丰富，趣味性强，适合技术阶段重点学习）

Matt Smith（英国，擅长制作非常复杂精密的作品，可以作为技术进阶的学习对象）

Peter Markey（英国，已故，其作品色彩艳丽，风格明显，结构简洁，创意饱满，适合初级学员临摹练习）

Keith Newstead（英国，已故，作品数量繁多，结构复杂，色彩艳丽，表现形式多样，叙事性强）

Al Conquergood（英国，擅长CNC加工操作，喜欢采用多组减速齿轮组，作品细节处理充满创意）

Bliss Kolb（美国，擅长制作仿生自鸣鸟）

Carlos Zapata（作品造型朴素，夸张）

Dave Goodchild（英国，作品复杂精美）

David Beck（美国，已故，擅长仿生Automata，作品精美，复古典雅）

Neil Hardy（作品结构简单，趣味横生，创意十足）

Petre Staicu（作品是木雕与Automata的完美结合）

Philip Lowndes（擅长CNC加工，作品造型丰富，零件细节处理很独特）

Pierre Mayer（英国，已故，作品以魔术主题为主，构思烧脑，创意巧妙）

Tom Haney（美国，擅长写实人偶制作）

Oliver Pett（作品复杂精美，充满趣味）

Pablo lavezzari（作品风格神秘，细节考究）

Maurice Montero Sauvage（其作品是雕塑与Automata的完美融合，艺术性高）

Cecilia Schiller（美国，独特的女性视角审美，将木雕与Automata完美融合）

Francois Junod（古典Automata制作大师）

井村隆（日本，擅长铜材质加工，作品内容奇幻，风格另类）

西田明夫（日本，已故，作品造型干练，上色简洁，结构创意性强，日系风格浓郁，适合初级学员临摹练习）

春日彰（日本，作品风格清新幽默，简约活泼，并且结构设计巧妙，作品适合进阶临摹）

木村裕一（日本，擅长卡通风格，作品生动有趣）

原田和明（日本，作品诙谐幽默，构造简单，日风浓郁，适合初级学员临摹）

银济春（中国台湾，作品造型设计充满创意，色彩舒适，木作技艺高超）

徐翳（中国，擅长金属与木质作品的融合设计，作品风格唯美，构思奇特）

Q 学习制作 Automata 初级入门的话，需要多少钱？

A 学习成本取决于制作 Automata 的材料。不同的材料需要配套不同的工具，不同的工具也需要不同的空间去储存和使用，所以这个问题要拆分开来看。

据我所知，如果你选择用纸或雪弗板来做材料，其启动成本可以控制在 100 元以内。

如果用木头做材料，从工具到空间，你的启动成本可能会在 1000～20000 元之间。浮动这么大，是因为材料的成本，机器的成本，空间的成本，每个人的条件都不同。先确定材料，再确定预算，根据预算来选择是主要靠手工玩，还是更多依赖机器玩。对了，很多人只看到了预算成本，没有考虑时间成本。我觉得时间才是最大的成本。

总之，真心想学习 Automata 的话，一切问题都算不上问题。

Q Automata 到底是玩具还是艺术？

A Automata 的理解就是自动机的意思，它就是一种承载信息的机械载体，如同绘画、写作、雕塑一样。你可以通过 Automata 的形式去做玩具，也可以通过它作为艺术表达。所以要定义 Automata 是玩具还是艺术，这个问题本身就不太准确。我们可以针对某件作品来划分它的界限，而不是种类。

Q 这本书的目的是什么？为什么没有临摹图纸呢？

A 写这本书主要是为了向更多人传播制作 Automata 最基础的知识，让更多的人了解到这种有趣的创作形式。

目前来看，国内职业的 Automata 制作人凤毛麟角，主要归因于教学知识的匮乏。希望随着后面越来越多人的参与，Automata 这块市场能够成熟。到时候，如果市场有足够多的需求，我会考虑出版技术层次更高的书籍。

从 Automata 的学习的过程来看，它对于制作者的动手能力、逻辑思维能力、空间想象能力、问题观察及解决能力，抗挫折能力要求非常高，尤其是后四个，需要通过大量的实践来提升。如果直接临摹图纸，学习者基本只是锻炼了动手能力，对于图纸中的数据没有任何概念，也不会主动去思考原设计为什么这么做，还可以怎么优化等问题。

本着真正启发学习者的思考兴趣的目的，我在设计这本书时，做了很多减法。比如在机械构造章节，每个结构后面都有一些思考题，这些思考题恰恰就是结构的核心知识，只有想通了这些点，后面才能灵活运用结构。如果我直接给出答案，那么学习者就不会将这个知识转化成自己可以适用的语言。包括实例操作部分，也仅仅展示了一个案例的过程，并非我没有图纸可以提供，而是图纸的训练效果过于单一，不如让学员边观察、边思考、边行动、边调整。这样下来，会在短时间内集中大量的错误，改正这些错误，就意味着可以在短时间内获得更多有价值的信息。

Q 如果不考虑手工制作，借助电脑操作，制作 Automata 都涉及哪些软件和工具?

A 通常我们会采用 CNC 数控机床来代替手工制作。不论从加工效率，还是精度上来说，CNC 机床的加入都是值得肯定的，我个人目前也推荐通过 CNC 来加工一些需要精度的零件和需要开槽的零件。

CNC 的软件学习主要分为 3 部分：绘图、图像转化为刀路、操控 CNC 的软件。对于初级学员来说，我们首先是借助 CNC 实现平面的切割，那需要用到可以绘画矢量图的软件。满足需求的软件很多，如 CorelDRAW、SolidWorks、ArtCAM 等，我们需要先借助这些软件画出图案，然后再通过一个软件，将矢量图转换成刀路文件（简单说就是机器可以识别的语言），然后再通过可以操控 CNC 机器的软件打开刀路文件，进行加工。以我个人的经验，目前推荐学习 ArtCam 软件，它集绘图和刀路转换为一身，出的文件直接通过 CNC 操控软件（目前我使用的是 MACH3）来加工。

对于新手来说，如果靠纯自学掌握 CNC 的加工，需要大概 1～2 个月的软件学习和实操练习，所以这门技术还是很容易掌握的。

Q 哪些人适合学习 Automata 呢?

A 不论你从事什么材质的加工和创作，只要你想让你的作品或者产品动态化，都可以学习 Automata。学习 Automata 的核心知识就是机械构造，灵活运用书中提到的机械零件，在不同的材质和空间下去做组合，就可以满足自己的需要。

这里一再强调，灵活对待材质。不同的材质适合的机械零件是有区别的，而空间的不同也会加大这种区别。比如你用纸来做机械构造，很多结构就用不上，比如蜗轮蜗杆，异形凸轮组等，纸张更适合做一些借助杠杆或者连杆实现联动效果的作品。而如果你的结构要放到一个狭窄的空间里，那么你在选结构的时候，就需要考虑那种不占体积，能在纵面产生运动效果的结构。这就是所说的灵活。

所以本书并不是只适合做木质 Automata，本书提供的设计思路和知识是可以覆盖到全材质的。

R
1 2

第七章

向木而生部分作品赏析

这一章，我将自己 6 年不同阶段的作品——展示，希望大家不仅能看到我学习难度和深度的变化，更要理解所有的技术类的学习都需要踏踏实实，一点一点地积累。自动机制作挑战的是创作者多方面能力的综合，它比你想象的要艰难。不放弃，终会迎来喜悦的曙光。

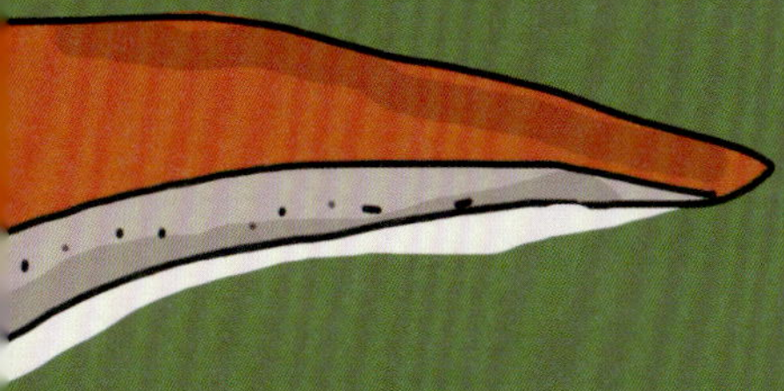

我是从 2019 年正式成立工作室并开始自学制作 Automata 的。这期间，随着我对 Automata 技术和文化了解的深入，我的加工工艺在不断调整，我的作品风格也在不断变化，而我也越来越清晰地感知到，我能通过 Automata 去表达什么。这一章，我将选取近些年的部分作品和大家分享，希望你也能从中感受到，学习其实就是一种不断优化自己的过程。万事开头难，所有的学习重在不断地坚持和克服困难，不断地反思和否定自己，不断地学习和接纳新的事物，最后落地于自己的思考，完成与技术的融合。

这一章展示的内容，旨在告诉大家3点：

1. 所有的开始都是粗糙的，凡是技术上的事都可以通过不断的练习和学习来提升。所以，如果你在初级阶段做得不好，很正常。

2. 整个学习的思路都是从模仿顺从到推翻独立，要有分阶段学习的思维，根据自己的条件，当下做好当下的事，不为难自己，不苛求自己。然后不断反思，不断学习为下一个阶段做准备，逐级递进，严禁有一步到位的心态。

3. 动脑筋比动手更重要。制作Automata其实是一件脑力劳动大于体力劳动的事，其间要不断观察，遇到问题后，要耐心寻找问题根源，提出解决办法。同时要从工艺技术层面的研究，逐渐向表演技术层面靠拢。

这一章节，我将展示大量之前做过的作品，希望所有的学习者可以从中体会到 Automata 的信息包容性以及形式的多样性。这些作品的动态视频，大部分可以从我的微信公众号“Automata 木机山工作室”找到。

以下是我个人作品的演变过程

2019 年

整体作品形式上天马行空，没有太多格式限制，主题形式多为卡通形象，色彩艳丽，做工不够精细。

2020 ~ 2021 年

作品开始注重材质提升，工艺精进，加强对细节的把控，尝试多主题、多风格的临摹和创作，表现形式保守。

2022 ~ 2023 年

作品风格开始趋向原木本色，摆脱卡通形象，并开始探索内心世界，自我表达，尝试系列创作，作品表现形式突破了传统限制。

2024 年

作品风格多样，开始借助 CNC 设备完成更加复杂的设计作品，更加注重内在表达以及细节处理。

《失败之母》

创作于 2019 年

这是工作室做的第一件木质机械作品。弹珠在轨道间穿梭，触发机关，但成品最终失败了。

失败之母 Finish
向木而生 2019.4.26
NO.CT001 Bigin 4.7

《先驱》

创作于 2019 年

工作室的第二件木质机械作品，获得当年木工论坛“信民杯”DIY 大赛一等奖，让我坚信自己有这方面的天赋。

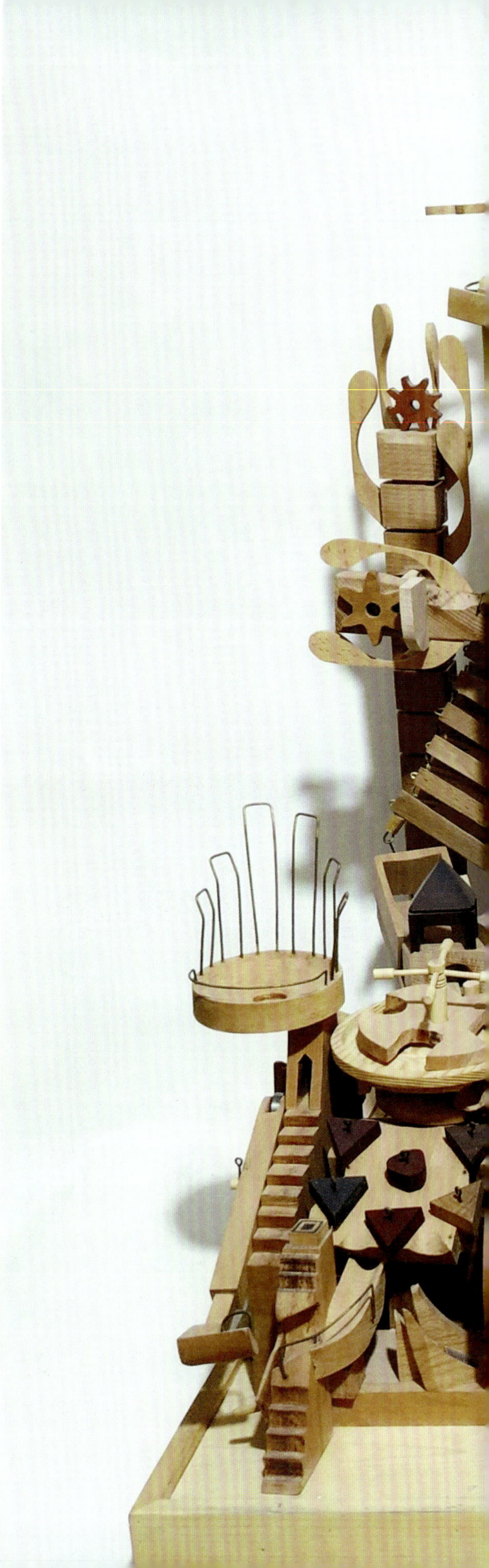

Finish

《还我珍珠耳坠》

创作于 2019 年

大鱼王追上了章鱼贼，叭叭说个不停。章鱼戴着珍珠耳坠，快速张合 8 条腿逃跑。

《儿童乐园》

创作于 2019 年

幼儿园里的小动物在做游戏，有玩跷跷板的，有跳绳的。

《兔爷爷的生日礼物》

创作于 2019 年

当时每天陪孩子看动画片《小猪佩奇》，最喜欢的就是兔爷爷一家，三代人坚守水手梦。

《蜗牛洗澡》

创作于 2019 年

其实你们都不知道一件事，蜗牛每天会爬出小房子，去寻找露水洗澡。

《紧急救援》

创作于 2019 年

一只瓢虫粘在了蜘蛛网上，蜻蜓飞过来想救出瓢虫，蜘蛛不乐意了，匆忙从网上爬下来追赶。

《逃离食人鱼》

创作于 2019 年

三只原始部落里的猴子乘坐独木舟驶入亚马逊雨林，不料河里的食人鱼突然疯狂袭击，猴子们吓坏了，抓紧划船逃跑。

《农场意外事件》

创作于 2019 年

小羊肖恩在劈柴的过程中不慎受伤，鸵鸟医生迅速赶来急救，发现情况危急要去医院做手术。鸵鸟飞奔，小狗叼着医药箱，这阵势把土拨鼠吓了一跳。

《斑马的日常保养》

创作于 2019 年

电影《马达加斯加》里的斑马提出了一个哲学问题，斑马到底是黑斑白马还是白斑黑马呢？我想这个答案取决于斑马的日常保养选择。

《鸡蛋任务》

创作于 2019 年

两只老鼠分工合作去偷鸡蛋。一只老鼠在地下控制着一个毛毛虫来吸引母鸡的注意力。这时母鸡起身下了一个蛋，另一只老鼠快速从地下钻出将鸡蛋偷走。

《世界和平》

创作于 2019 年

超级英雄的摇篮，祈盼世界和平。

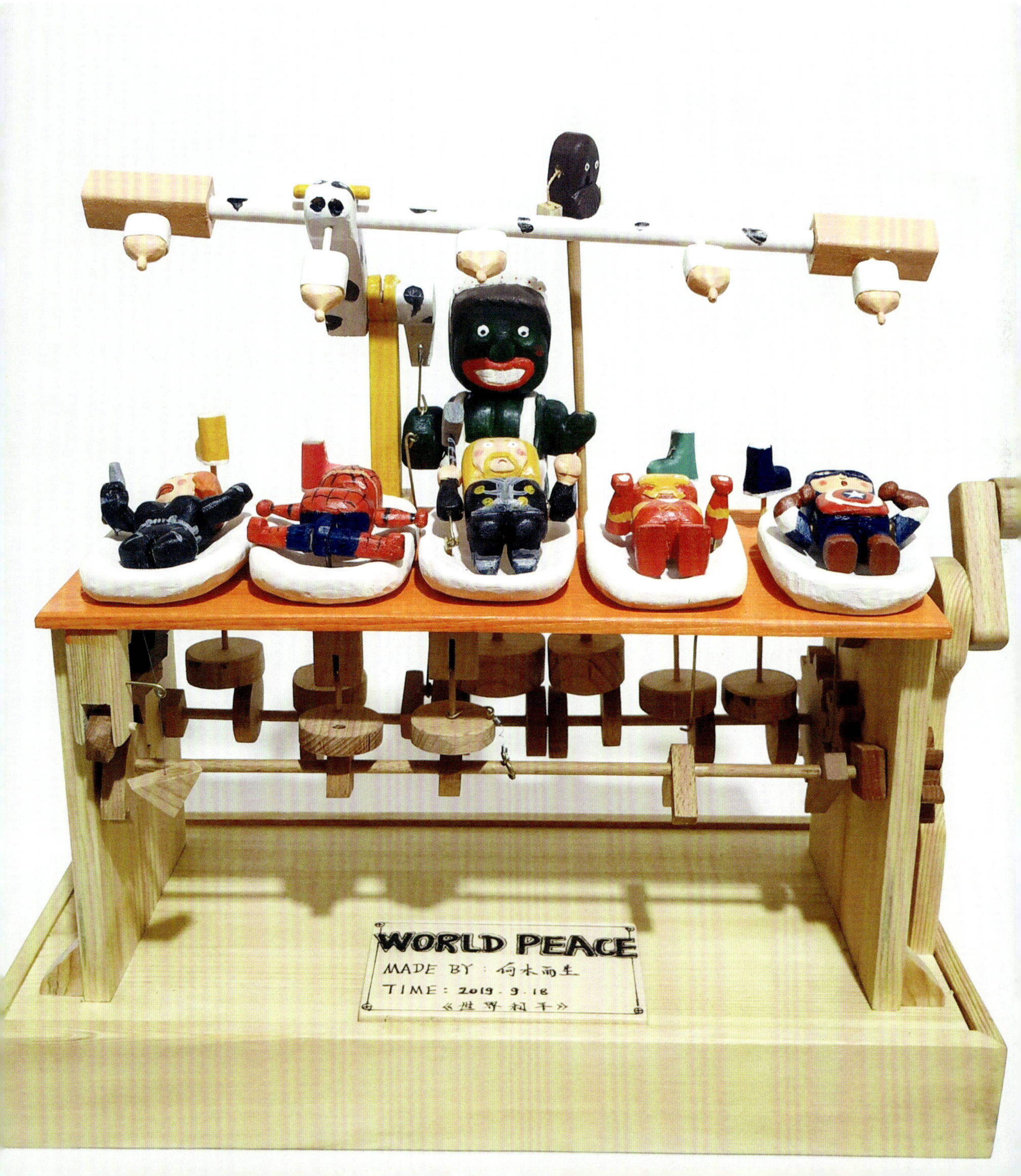

《海洋星空》

创作于 2019 年

在梦里，一个身穿白色睡衣的小女孩手持气球坐在一头蓝鲸的背上。蓝鲸带着她穿梭在星空云海中，与鱼儿一起遨游。

《仲夏夜的梦》 创作于 2019 年

仲夏的夜里，小女孩坐在小河旁拉起来小提琴，小动物们坐成一排排，有的在安静地听，有的在轻轻地哼唱。森林里除了月亮，其他人都醒来了。

《小飞猪的旅行》

创作于 2020 年

粉粉嫩嫩的小肥猪，有一天长出了一对白色的翅膀，它开心地在草丛中飞来飞去。

《兔子的自我修养》

创作于 2020 年

兔子超人不上班的时候就锻炼身体，为了激励自己更好地完成仰卧起坐的任务，它找来了美味的胡萝卜来辅助训练。

《兔仙翁》

创作于 2020 年

传说在很远很远的山上，有一位兔子仙人，它经常吹着箫，骑着一只大嘴醍醐，在云彩间遨游。

《砸钉子的人》

创作于 2020 年

这件参考了 Paul Spooner 的作品。一个老爷爷右手持锤子敲打前面的钉子，左手竖起受伤的食指放到嘴边吹，原来他每次敲击钉子时，钉子都会转头躲掉，怎么也敲不到，还弄伤了自己。

《五月》

创作于 2020 年

五月是初夏，土壤里的生命都开始躁动起来了。

《白与黑》

创作于 2020 年

从这个作品起，我开始关注 Automata 造型和木材的选用。

《猫捉老鼠》

创作于 2020 年

一只猫咪静静地抬起右爪。它前面有只老鼠不停转圈，当老鼠经过猫咪右爪底下时，猫咪的右爪突然下落，幸运的是，老鼠巧妙地逃过了抓捕。

《跳肚皮》

创作于 2020 年

一只小猩猩在大猩猩肚皮上跳来跳去，我家的孩子也总这么对我。

《别打扰我吃饭》

创作于 2020 年

鳄鱼张开大嘴静静等待前方的大鱼，每当大鱼快要被鳄鱼吃掉时，鳄鱼背上的小鸟便啄击鳄鱼。

《魔法餐厅》

创作于 2020 年

猫先生和狗先生去机器人餐厅吃饭。当餐盘送到狗先生面前打开时，里面竟然是一条鱼。机器人只好将餐盘盖子盖好，转送给猫先生，盖子再次打开时，里面的鱼却变成了一根大骨头。真让人着急啊！

《骑猫鼠》

创作于 2020 年

一只老鼠趴在奔跑的猫咪背上。

《好好吃饭》

创作于 2020 年

猪爸爸手持着木棍，嘴里叨唠个不停。“好好吃饭，否则挨打！”小猪只好乖乖地用勺子把饭送到嘴边。如果你家有三四岁的小宝宝，你就能明白这个小画面了。

《抖肩舞》

创作于 2020 年

当时网络上突然流行起了抖肩舞，两个人在傻傻地抖肩膀，太搞笑了，于是就有了这个作品，这是一只猩猩和一只狒狒的表演。

《拔头小熊》

创作于 2020 年

这件参考了原田和明作品，一只小熊突然将自己的头从身体里拔了出来。

《三打白骨精》

创作于 2020 年

西行路上，唐僧用力遮住八戒和沙僧的眼睛，因为孙悟空正在楼上打白骨精，白骨精不停地变换模样，但金箍棒还是对着每个样子打 3 下。

《青蛙》

这件参考了西田名夫的作品，青蛙跳起来张开嘴去吃头顶的苍蝇，却怎么也吃不到。

创作于 2020 年

《蜗牛与黄鹂鸟》

创作于 2020 年

还记得那个洗澡的蜗牛吗？平时它出行就靠老友黄鹂鸟帮忙。黄鹂鸟扑腾着翅膀，却怎么也抓不起这只蜗牛。

《灯笼鱼》

创作于 2020 年

一只灯笼鱼，它转转眼睛，摆动着鱼鳍，突然张开嘴说了几句什么，灯就一闪一闪了，原来是灯该维修了。

《大灰狼的礼物》

创作于 2020 年

圣诞节，两只大狼抓了一只小白兔当作自己礼物。它俩面对面站在兔子两边，张大嘴巴。兔子吓得直转圈，当兔子弯腰经过左边狼的嘴巴后，又经过右边狼的嘴巴。两只狼总是在兔子跑过去后闭嘴，谁也吃不到。

《野味餐厅》

创作于 2020 年

一个商人不停地张嘴说话，左右手也配合着交替挥舞。他每只手上都有一个牌子，上面分别写着滋补养生、炫富猎奇。商人面前是放在餐盘上的一具具野生动物尸体，鲜血流下了餐桌，而餐桌下面的滚轮却不断展示着煎炒烹炸各种制作手法，突然商人低下头，他的肚子被打开，里面露出了一个骷髅头，此时商人惊恐大叫，底座传来了钟声。这是我第一个借助自动机来讽刺食用野生动物的作品。

《言论自由之底线》

创作于 2020 年

一个键盘侠不停地敲击键盘，他的舌头不断突破道德、法律和文化的底线，最终被大刀砍伤。本作品寓意为：网络并非法外之地。

《地球往事》

创作于 2022 年

小怪兽和小奥特曼其实是很要好的朋友，经常一起骑车玩耍。

《公鸡下蛋》

创作于 2022 年

让公鸡下蛋需要不停地鼓励，让它相信它可以做到。最后这只公鸡终于艰难地抬起了屁股，在几次打颤之后，挤出了一枚金蛋，此时周围掌声响起。

《兔爷祈福》

创作于 2022 年

广寒宫的兔子双手抱拳，置于胸前祈福。它的面部会依次出现福、禄、寿三个金字。

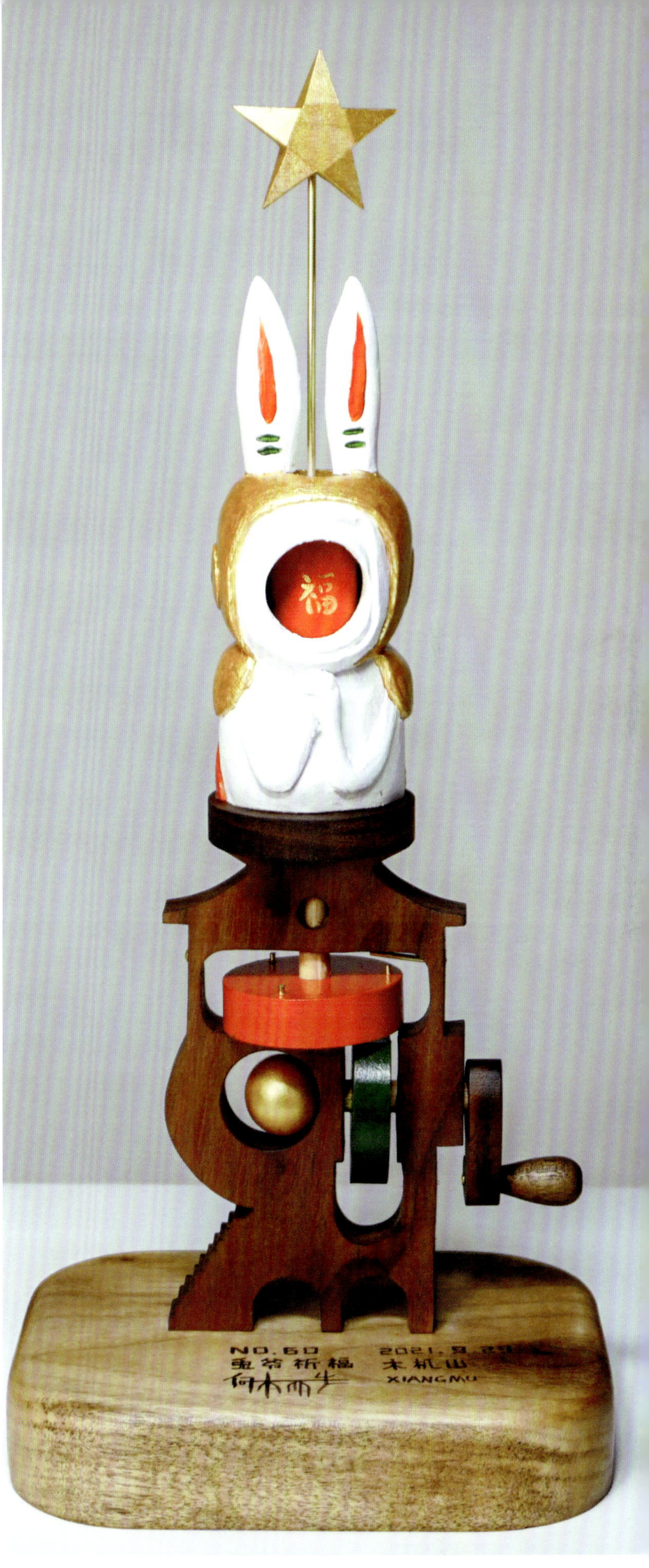

《掩》

创作于 2022 年

我的第一件抽象人偶作品。从这个作品，我开始关注人性，关注自己的内心。我好像一直都不太了解自己，外壳之内，面具之后我是什么样的呢？

《川剧变脸》

创作于 2022 年

每当前面的折叠木扇子打开并落下后，京剧的脸谱就会变化一次，可以变化四次。

《迷》

创作于 2022 年

当我突然挣脱之前的禁锢，想去寻找一个归宿时，却发现迷路了。内心还是空虚，万向皆无归属。

《送财童子》

创作于 2022 年

这件临摹了日本两百多年前的机器人“奉茶童子”发条人偶装置作品。上满发条，机器人就开始端着盘子前行至客人面前，客人取下茶杯，机器人就暂停，保持静止，客人饮毕放回茶杯，机器人又开始运动，并 180° 掉头返回出发原点。

《陆游器》

创作于 2022 年

这件参考了 Paul Spooner 的作品，
一个老爷爷趴在三角凳子上游泳。

《小小梦想家》

创作于 2022 年

老年向木带着自己的宠物狗，乘坐一个鱼形飞船环游世界。

《欲望》

创作于 2024 年

人到中年，总想在世俗的价值里做成点什么，比如挣很多钱。不管前面的人生有过多少次失败的惨痛，一旦有诱惑靠拢，自己又忍不住上钩，结果一如既往的失败。谁见过做自己不擅长的事还能成功的？于是我的生活在某段日子里又开始了倒车。

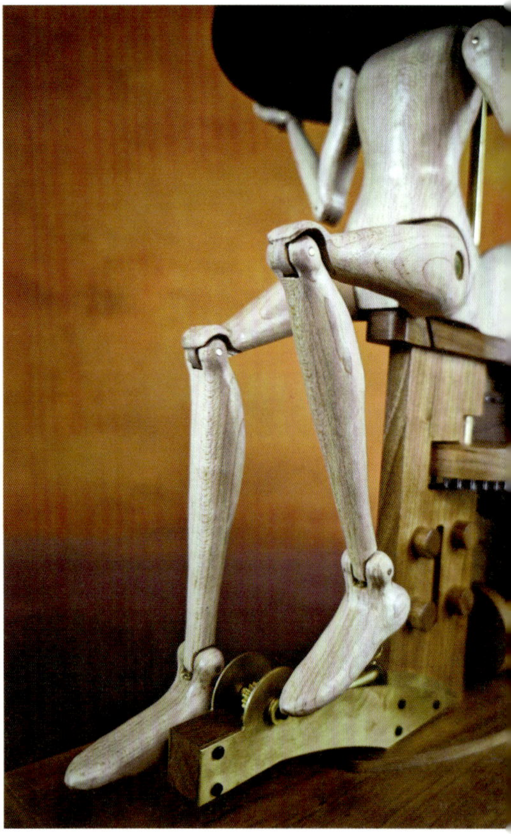

《天空梦想家》

创作于 2020 年

构思了 2 年，最终 1 个月完工的作品，显得幼稚又粗糙。在这件鱼形飞艇里，我带着自己的爱犬环游世界。

《移动森林》

创作于 2021 年

当时我并没有什么灵感，于是一边听歌一边工作。偶然间听到日本歌曲《幻化成风》，我不由得被带回到童年时光，所以我将那个喜欢捉虫子，观察小动物，去户外探险的经历搬到了这件作品中。巨大的独角仙甲壳虫背上承载了我的童年世界。青蛙、公鸡、蜗牛、兔子、蜂窝、猫头鹰、外星人、树屋等，还有我最喜欢的宫崎骏爷爷，都在这个移动的世界里陪伴我。

木机山

MJS

《躲猫猫》

创作于 2022 年

这件作品突破了我之前的作品风格，梦幻又治愈。小猫们躲在森林不同的角落，开启了一场真正的躲猫猫捉迷藏的游戏。

《银河信箱》

创作于 2023 年

看过童话《小王子》后，我在想，老爷爷如何再次与小王子联系上呢？不如写信吧。当我把一张空白的明信片放到机器的左侧入口后，一系列神奇的事情就发生了。这件作品耗时近 1 年的时间，虽然完工了，但鉴于当时技术不成熟，还是留下了很多遗憾。

FLY

银河信箱
向木而生设计
木机山工作室
2022.06

《弹吉他的小女孩》

创作于 2024 年

一个小姑娘坐在公园的长椅上，轻轻弹起手中的吉他。一只肥猫慵懒地趴在她身旁。

“大树的旅行”系列

这个系列是我向宫崎骏爷爷的致敬，感谢他的电影治愈了我的人生。

《丑丑鱼》

创作于 2024 年

丑丑的灯笼鱼转转眼睛，张张嘴巴，鱼鳍一摇一摆地在空中遨游。在它的背上，生长着一棵参天大树，树下是两栋小房子，房子的主人去哪了？可能是去收集乌桕树的种子去了，不信你在下面的仓库找找。

《咖啡机器人》

创作于 2024 年

破旧的咖啡机器人从废墟中苏醒，它好像突然意识到自己和咖啡打了一辈子交道，却从没有见过咖啡树的样子。它带着残破的身体，穿梭在丛林中，对每一个小植物都充满了好奇，是不是它呢?

NO.3 咖啡机器人 大树的旅行
木机山工作室 向木而生 2024.5.9

《喜鹊》

创作于 2024 年

我家住在城市的郊外，所以出行时经常能看到很多喜鹊在田间和树上，它们是大树的使者，哪里的树绿了，黄了，都了解得清清楚楚的。

《象鼻虫》

创作于 2024 年

橡树秋天会结满橡果子，而橡果子也是象鼻虫的最爱。这只胖胖的象鼻虫，背上有一个依树而建的小房子，虽然房子的天空下雪了，但在象鼻虫的肚子里，却有一个生机勃勃的小岛，郁郁葱葱，鲜花遍地。

NO.4象鼻虫
木机山工作
大树的旅行

“悲伤是觉醒的力量”系列作品

当我反观自己，发现成长其实是痛苦的结果。人不可能快快乐乐地长大，每一次负面的遭遇，都是人长大的契机。所以我应该正确看待人生中的每一个不开心，因为经历过悲伤的人生，才有觉醒的力量，才能真正珍惜并感受余生的美好。

《大峡谷号》

创作于 2023 年

我幻想可以驾驶着一艘移动飞艇环游世界。这个飞艇虽然很小，但是我还是坚持设计了一个厨房的空间，因为我也是一个美食爱好者。

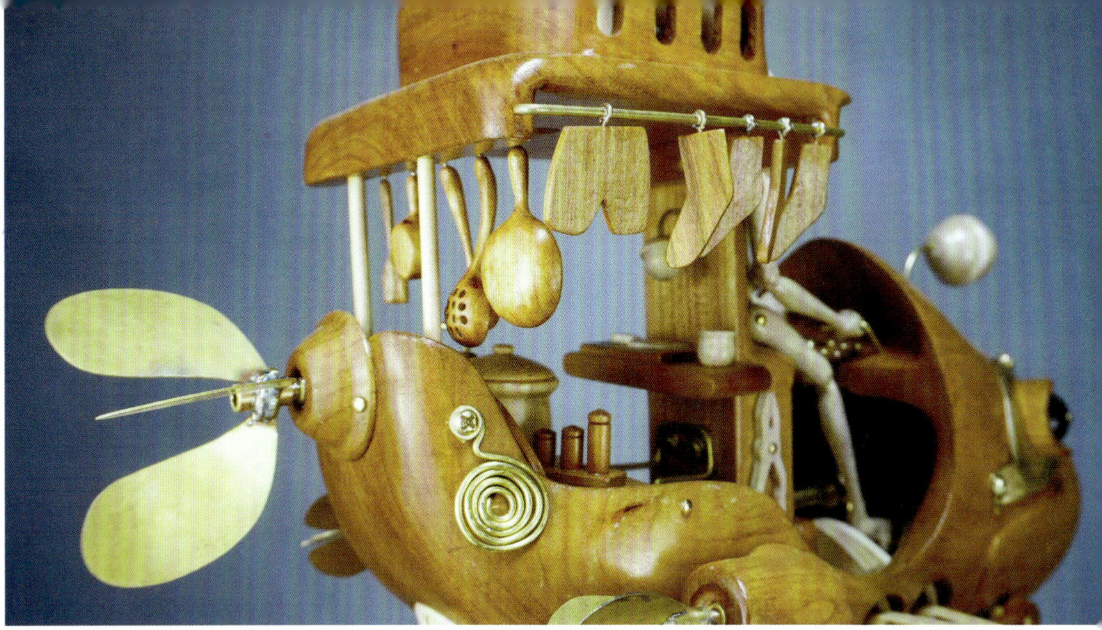

《类聚》

创作于 2023 年

人潮人海中，我好像是逆行的那个另类。我追寻着别人视而不见的梦想，但又感觉冥冥之中，自己和其他人一样，都被一个剧本所操控。逆行和顺行好像瞬间没有了区别的意义。

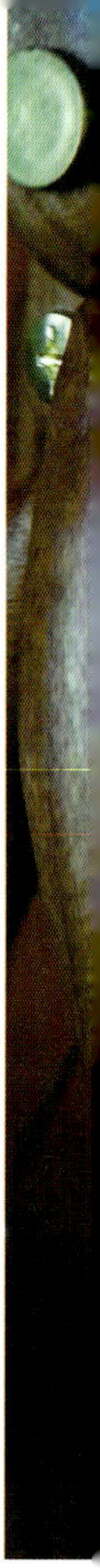

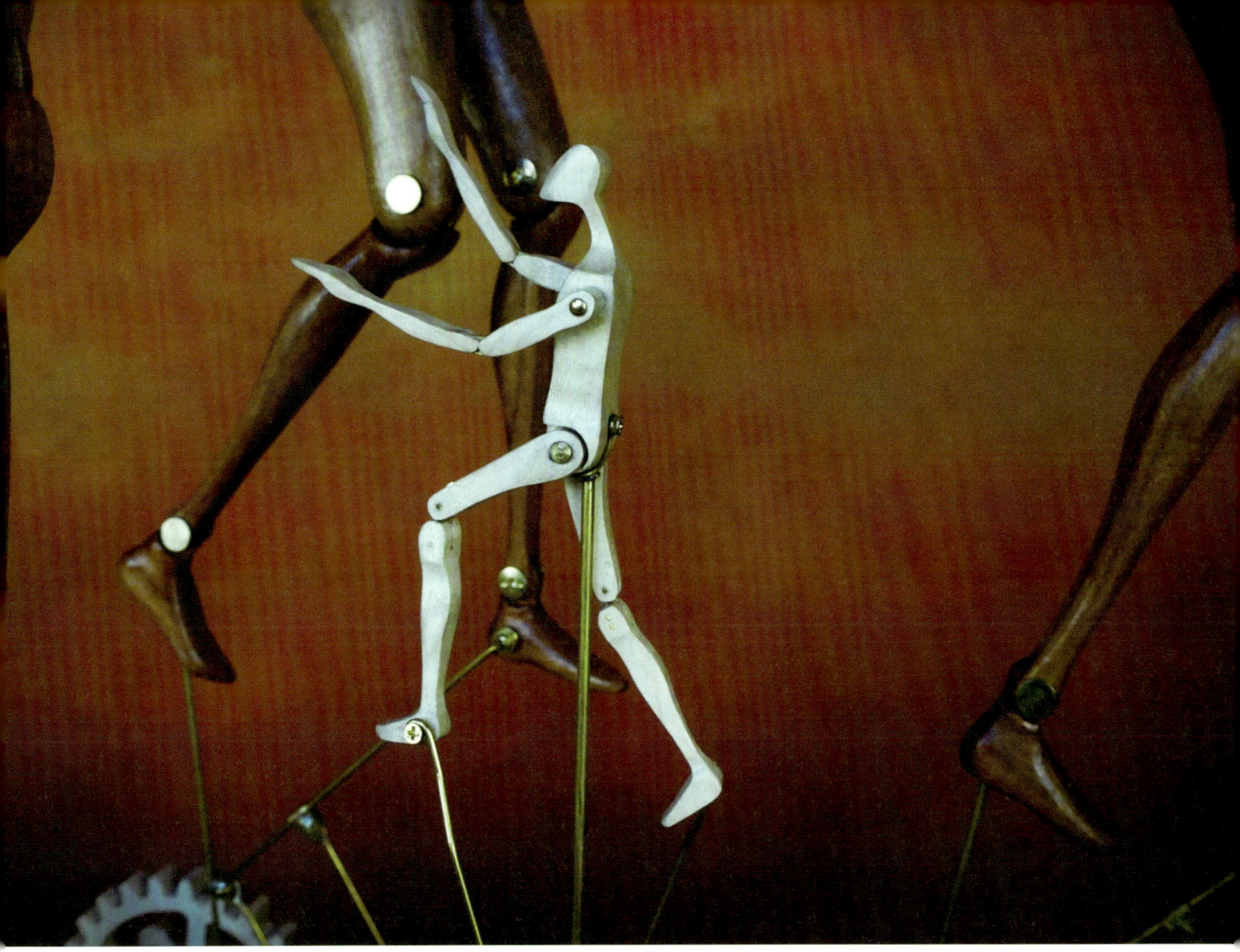

《笼》

创作于 2023 年

很长一段时间，我能听到身边有鸟鸣声，那些自由的身影从我眼前划过。我也曾摘下扣在自己头上的笼子，四处寻找，但羡慕之后，还是失落地戴上了笼子。尽管我的双脚没有被束缚，但我的思想却被自己限制了。我不自由，我哪也去不了。

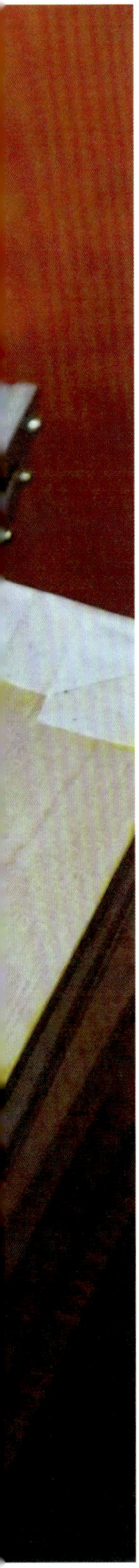

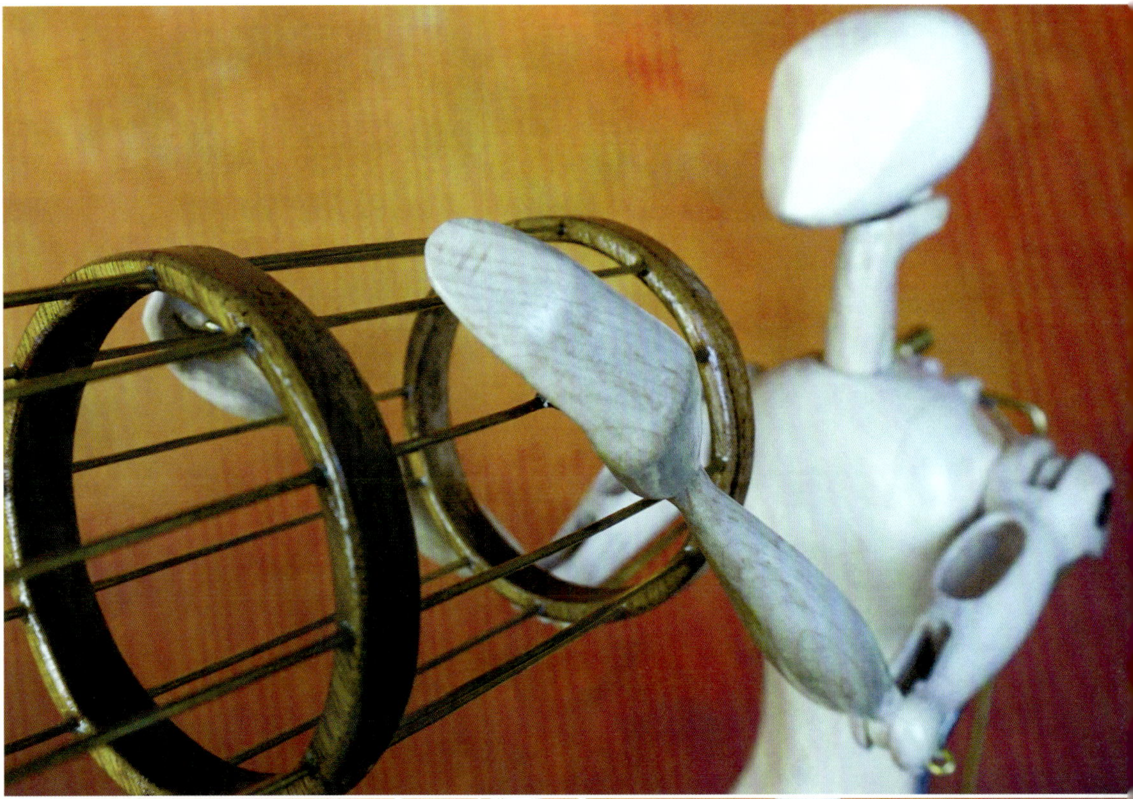

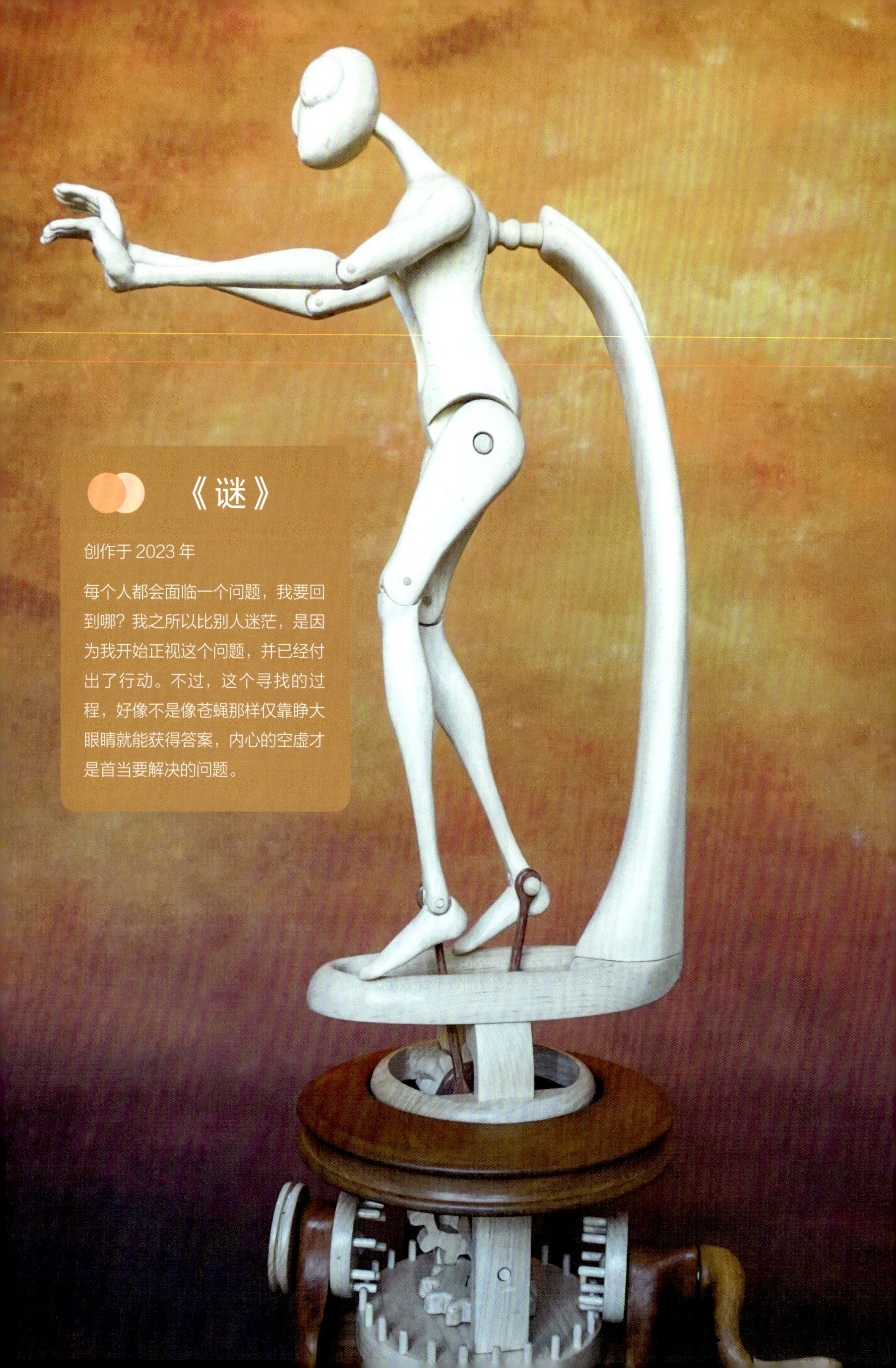

《谜》

创作于 2023 年

每个人都会面临一个问题，我要回到哪？我之所以比别人迷茫，是因为我开始正视这个问题，并已经付出了行动。不过，这个寻找的过程，好像不是像苍蝇那样仅靠睁大眼睛就能获得答案，内心的空虚才是首当要解决的问题。

《亲密关系》

创作于 2023 年

那段时间，我个人的婚姻关系很紧张。我觉得夫妻之间好像被一团绳索缠绕，我用这端困住你，你用那端困住我，彼此不好受又难以分离。同样，这种比喻也适合父母与子女的关系。为了彼此舒服，你愿意松开多少绳索，而我又愿意松开多少呢？好在，现在我找到了合适的距离。

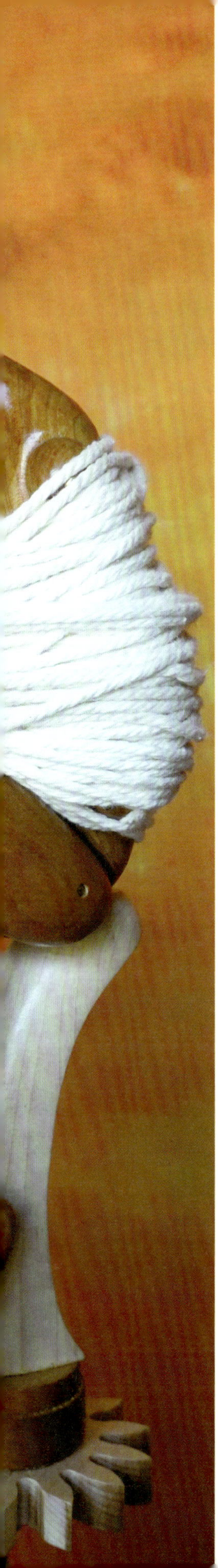
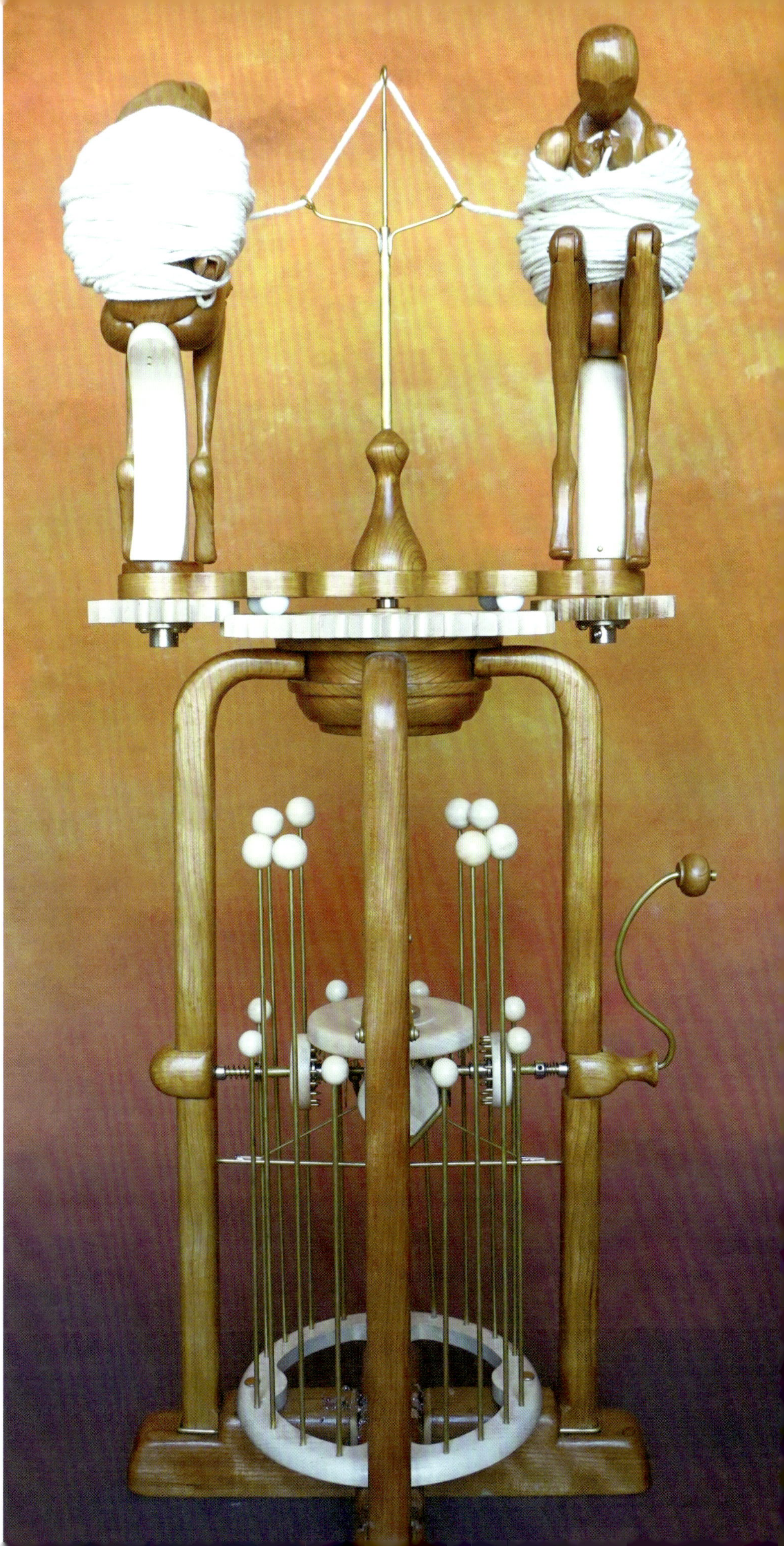

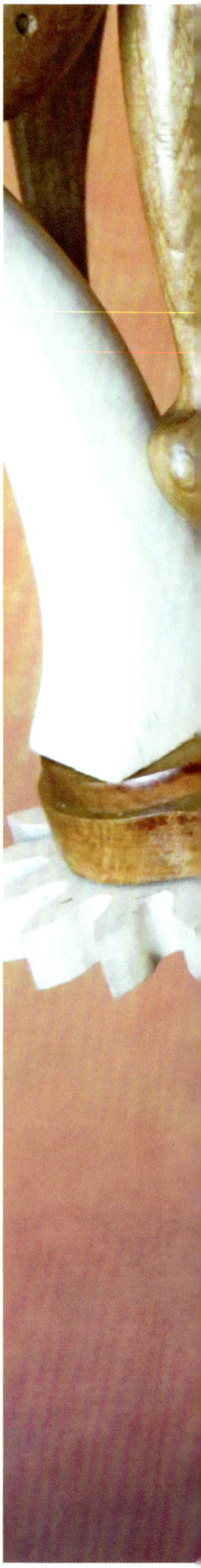

《引》

创作于 2023 年

这算一件还没有加上机械构造的木雕作品了。我左手放于背后握住灯架，右手尽量去伸长触碰头顶的灯。虽然我不断地爬楼梯，提高自己的位置，但却始终触碰不到那个灯。努力只是给别人看罢了，只有我知道，是我自己的局限，达不到别人想看到的结果。

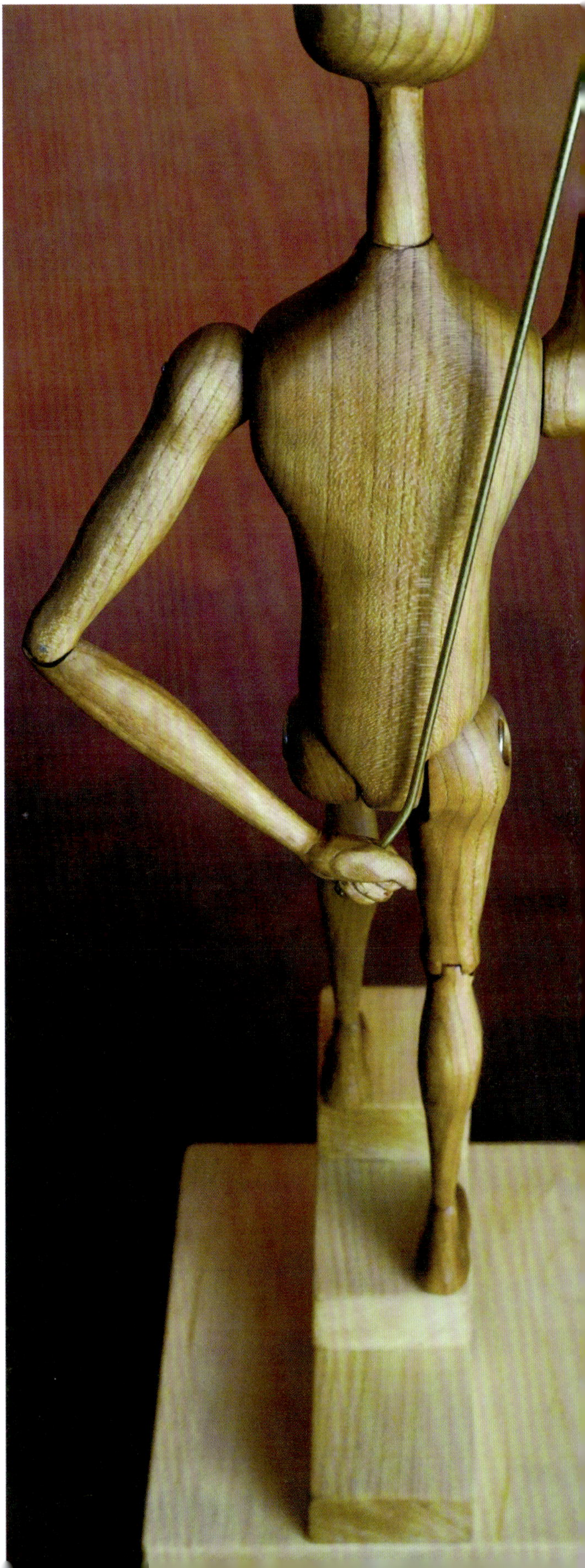

《隐》

创作于 2023 年

2022 年去重庆大融城做展览，经常往返于地下二层的车库、库房、垃圾回收处和地面一层的商场。两个环境的反差，让我感觉所有的光鲜亮丽都是那么经不起琢磨。好比一个人西装革履地去豪华餐厅吃西餐，上半身在展示，下半身伸进餐桌底下，忙于生计。相比之下，上半身的西装革履太虚幻了，下半身的忙忙碌碌才是真实的生活。

《掩》

创作于 2023 年

再次复原这件作品时，我内心的想法有很多变化。人们总是说社会之下，我们必须掩饰真实的自己，那真实的自己到底是什么样呢？如果你没有认真思考过这个问题，不断叠加的掩饰只会让你离起点越走越远，直至迷失方向。

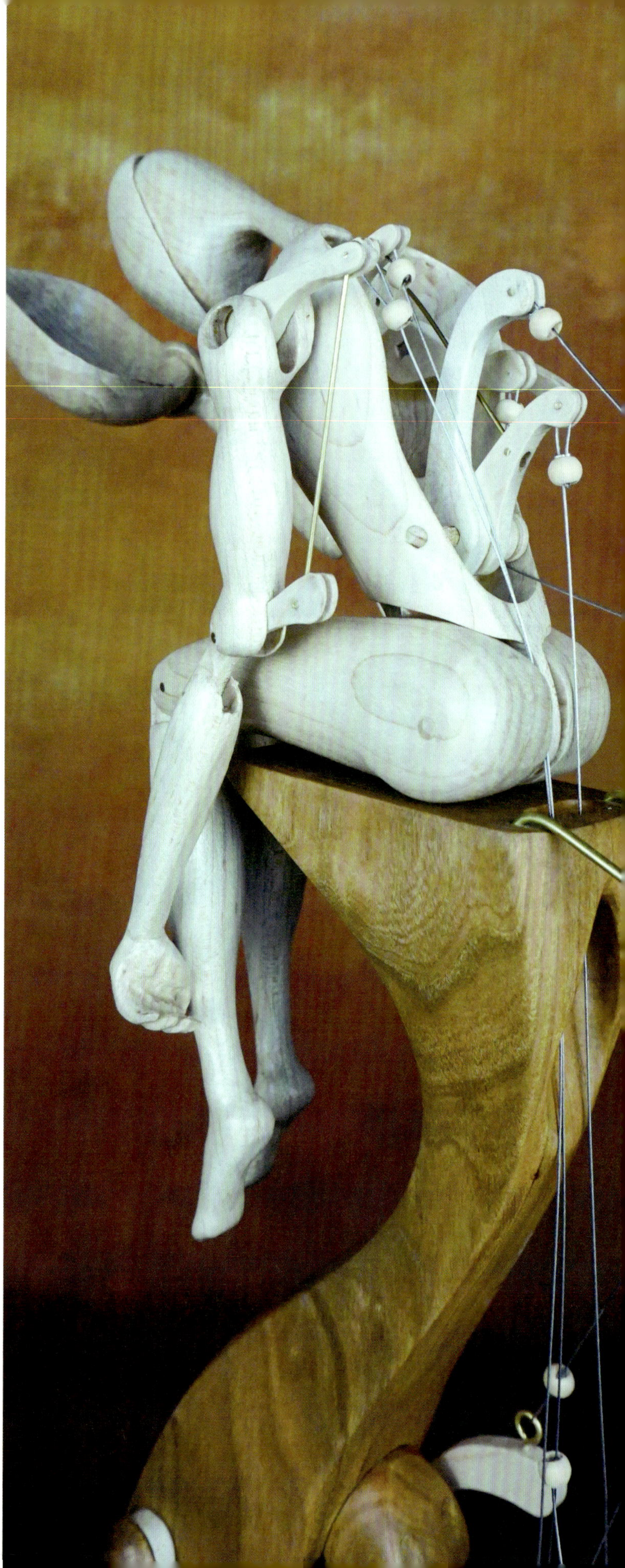

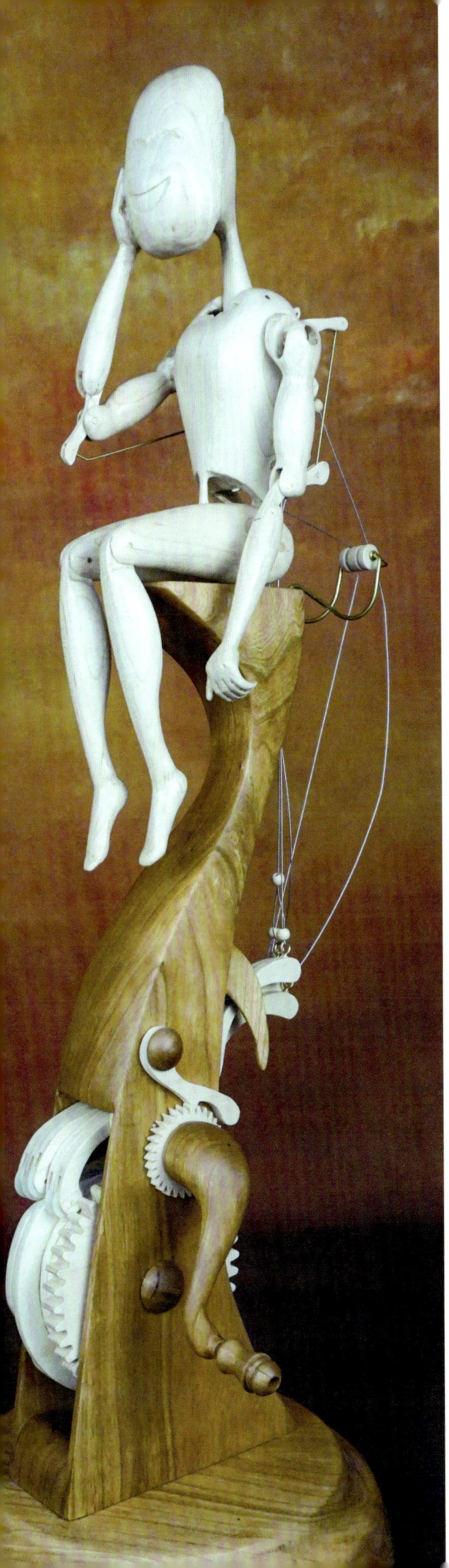
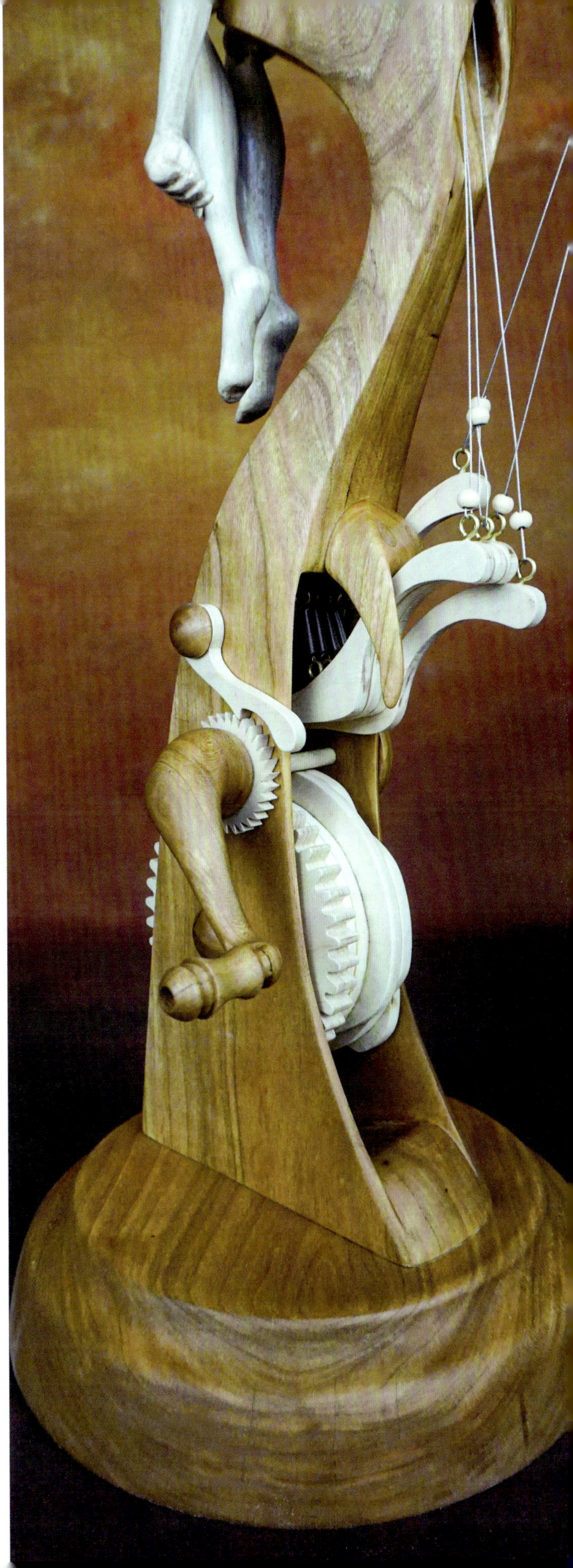

《深海星辰》

创作于 2023 年

我大学刚毕业的时候，一个人住在破旧的车辆厂文化宫 3 楼拳馆里。冬天的夜格外冷，我钻进被窝，也抵抗不了那空旷的拳馆里和室外一样冷的空气。每当冻醒的时候，我都会望向窗外，看看别人家里亮着的如星星一样的灯，想象着自己未来有一天，也会在这个城市的夜空里，摘上一颗。

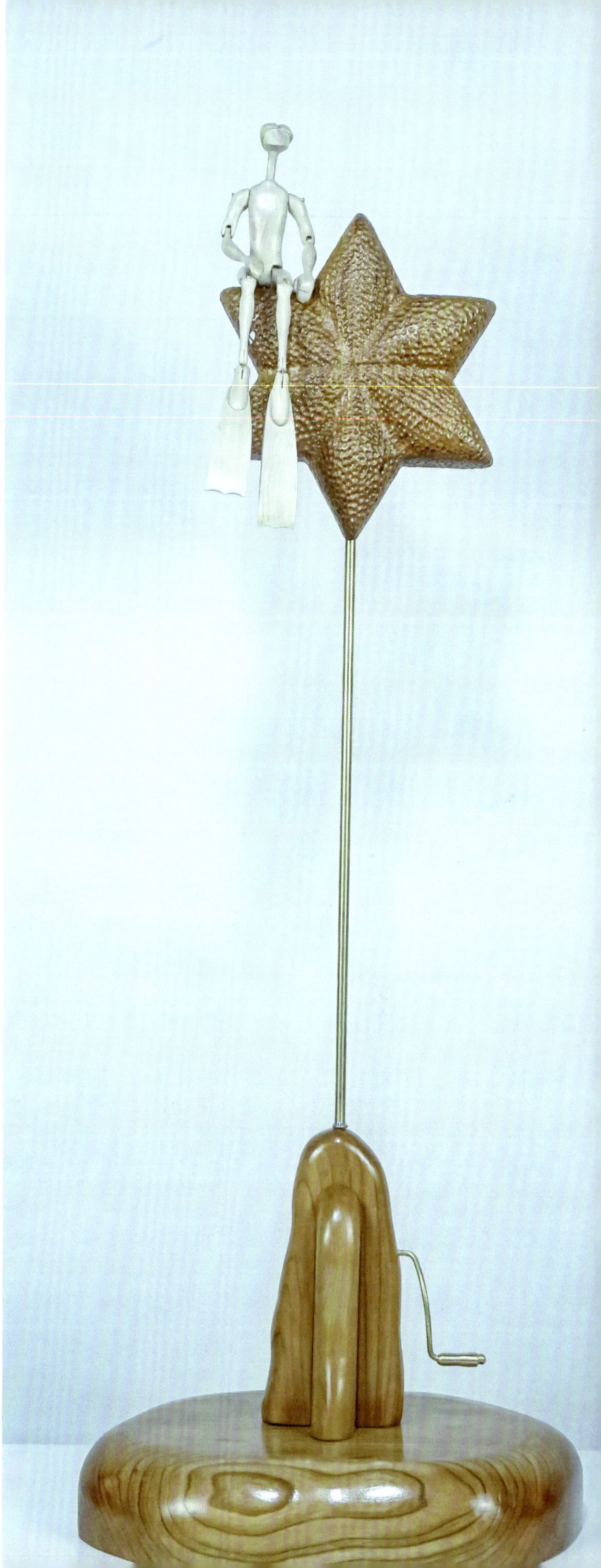

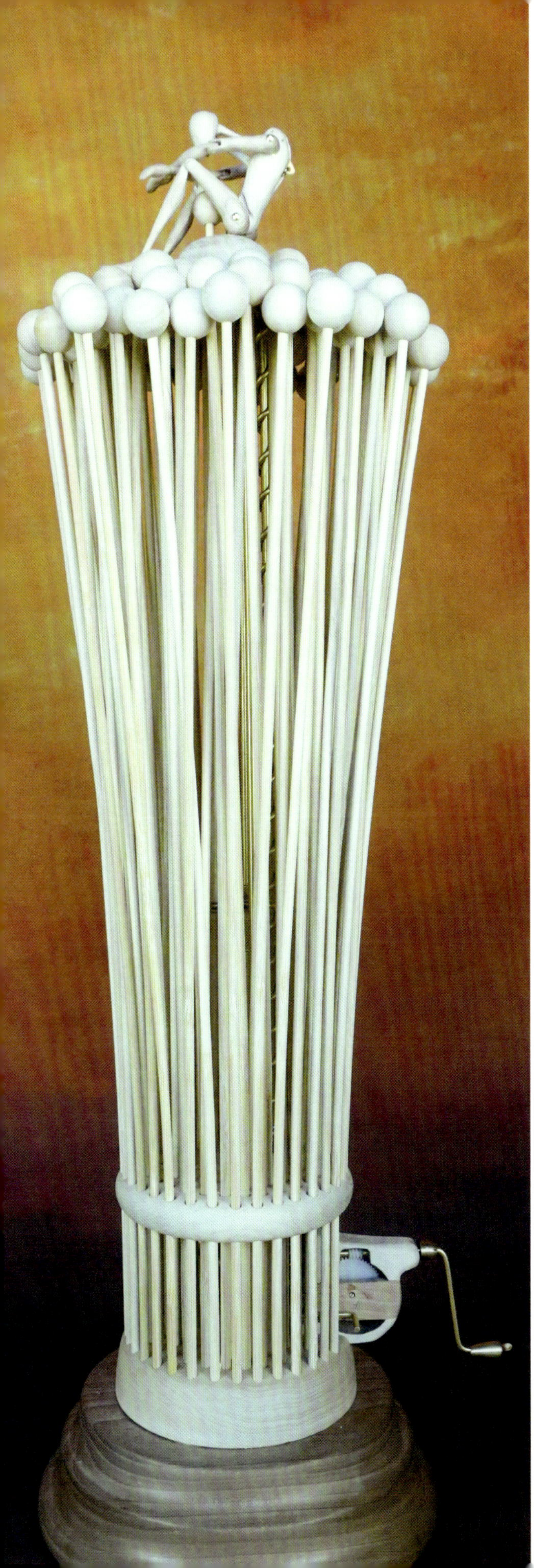

《芽》

创作于 2023 年

其实，你会发现，当所有人都不理解你的时候，大地却给出了最包容的回应。有花开，有树绿，一切该干吗还都在干吗，没有谁会注意你那点破事。所以，沉默过后，就开始向上生长吧。

《你是谁》 创作于 2023 年

这个问题困扰我很多年，时至今日我也没有太清晰的答案。不过我隐约地感觉到，人的身体好像是一台车，而我是那个司机。有的司机是一只鸟，有的是一条鱼，有的是一匹马。鸟在鱼的赛道驰骋，马在和鸟比速度，大家都过得不开心。为什么不在自己适合的赛道行驶呢？原来大部分人还是分不清“我”和“我的”的区别。

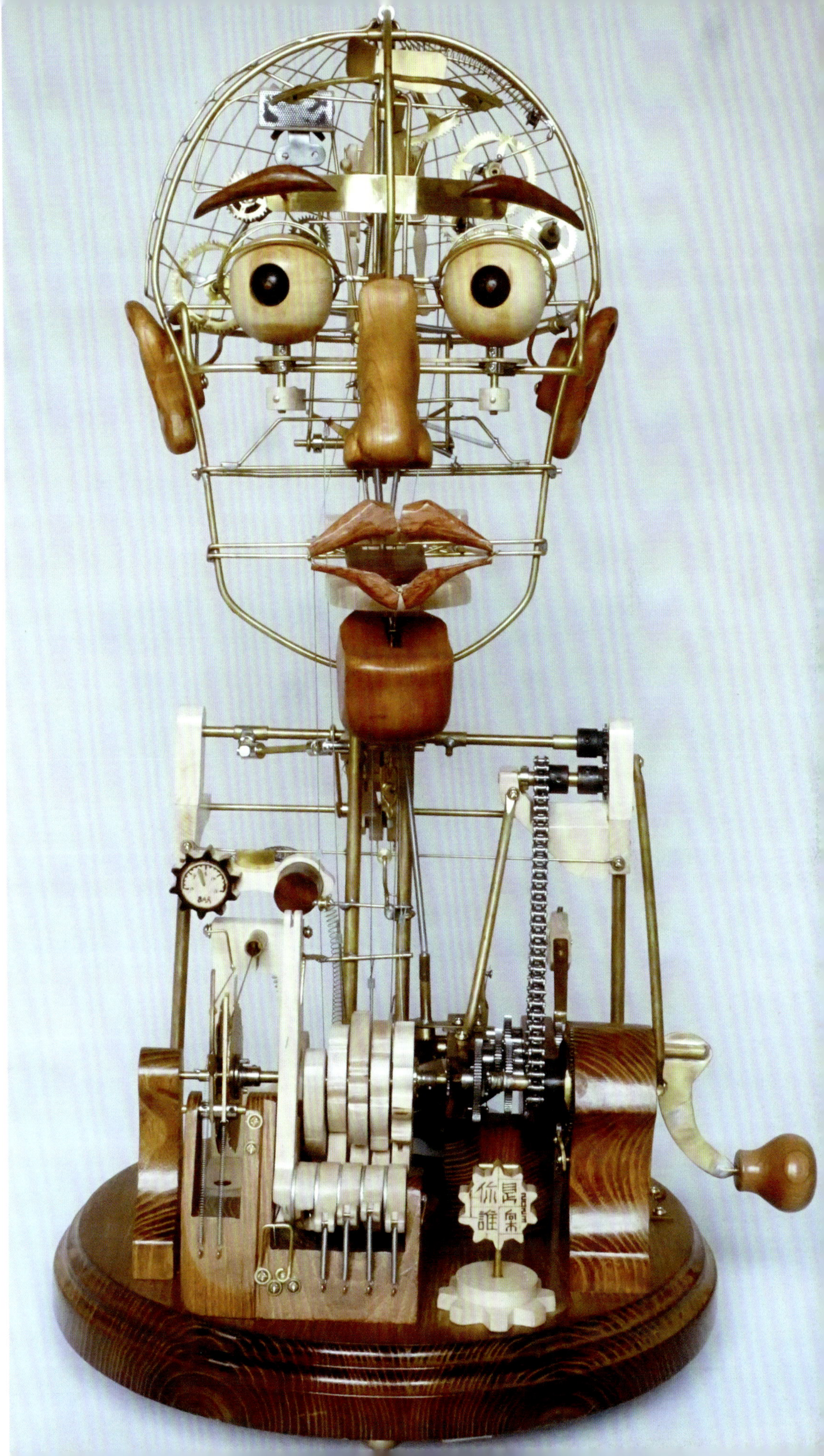

附录 齿轮图纸（1：1尺寸）

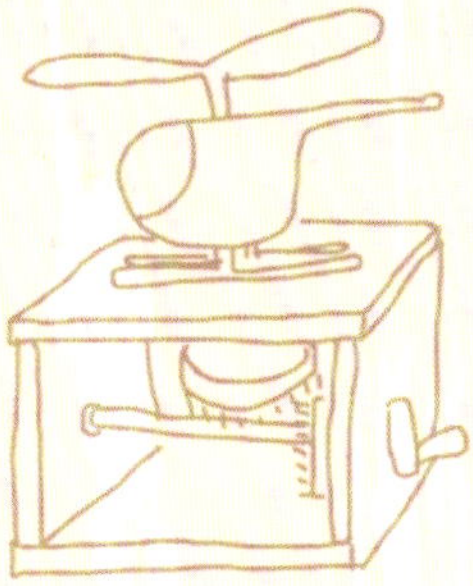

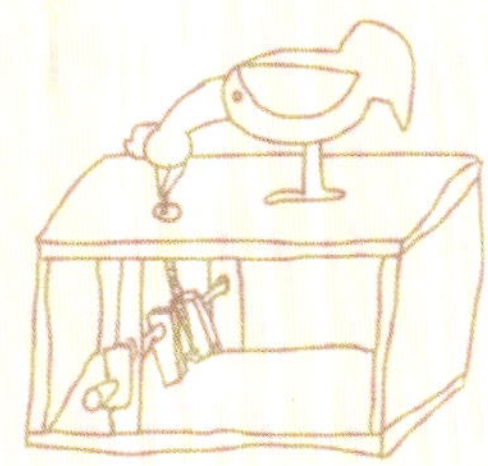
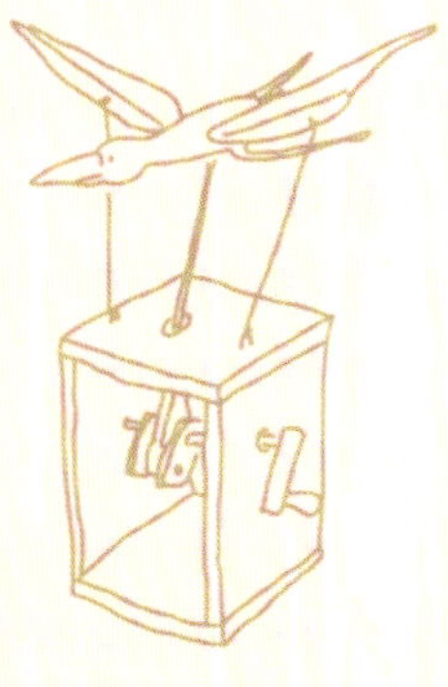

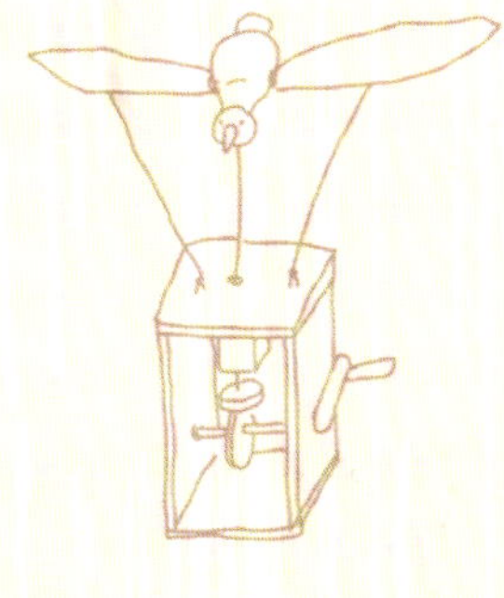

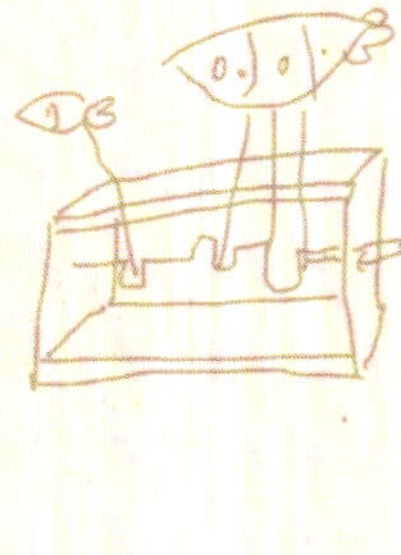